U0311364

汉竹编著·健康爱家系列

王意成 主编

新人养花
零失败

汉竹图书微博
http://weibo.com/hanzhutushu

江苏凤凰科学技术出版社
全国百佳图书出版单位

导读

花花草草惹人喜爱，可是总是养不活怎么办？

想养花养草，但总没时间怎么办？

养花怎么浇水？怎么施肥？怎么修剪？

……

这些问题无时无刻不在困扰着想养花的花友们，而这本书能帮你解决这些问题，让你少花时间、少花精力，还能养出漂亮的花草。

在这本书里你看不到长篇大论的理论，也看不到晦涩难懂的专业词汇，只有简明扼要、清晰明了的"这样养很好活"和"千万不要这样养"的干货，让你的花草再也不"容易死"。

书中还贴心地给出了四季浇水日历，让新人花友再也不用苦恼如何为植物浇水。此外，我们还走访了许多资深花友，向他们询问了养护花草过程中常见的问题，带着这些问题向专家进行了咨询，将问题和答案以问答的方式整理进书中，帮助花友养好花草。

养护花草其实不难，我们的目的就是用简单有效的方法帮助花友养活、养好自己心爱的花草，不做植物"杀手"。

花市 VS 网店，哪里更适合买花

想养花却又懒得去花市买，在网店买花靠谱吗？花市买花有没有什么可以偷懒的办法？

在网店这样买最靠谱

在网店买最方便，不用出门，用手机和电脑就能把心仪的花卉接回家。但是网店的花卉品质参差不齐，需要细心比价格，看评价，一不小心就挑花了眼。不过只要记住这几招就能顺利地从网店买回花草了。

1. 选择离自己距离近的网店，防止长途运输导致植株受伤。

2. 一次不要买得太多，不要买太贵的品种。

3. 尽量不要在冬、夏季购买，此时气候不利于植株适应家庭环境，影响植株存活率。

在花市这样买也轻松

去花市购买花草最大的好处就是能看到花草的实际品相，比较放心。不过花市里花草集中，易生病虫害，容易将病虫害带回家。其实可以考虑选择在花店购买，花店的花草一般品相较好，花盆也好看，购买后无需再单独换盆，但价格略贵。

挑选好土，种出好花

　　土壤是花草健康生长的根基，不同种类花草对土壤有不同的要求，选择适合的土壤是让花草健康成长的第一步。

品种	特性	品种	特性
园土	微酸性	沸石（轻石）	多孔材料
腐叶土	偏酸性，保肥排水性好	蛭石	持水力强，但长期使用影响透气、排水效果
培养土	持水、排水能力较好	珍珠岩	透气良好，保湿，但保肥能力较差
苔藓	疏松、透气，保湿性强	沙	通气、透水
陶粒	透气性好，但保水性差	蕨根	具有纤维结构
木屑	保水、透气性好，使用前需发酵	椰子纤维	疏松、透气，保水能力强
可可壳	排水好，腐烂速度慢	泥炭土	吸水力强，有机质丰富
岩棉	透气，吸水好	树皮屑	疏松，透气性好

用对肥料，事半功倍

在家庭里养花常常需要用到肥料，可经常搞不清楚到底该用什么肥料，怎么施肥。而花卉在生长中所需的营养元素主要是氮、磷、钾三种；必需元素有硫、钙、镁、铁及微量元素锰、硼、铜、锌、钼等。

常见花卉肥料分类：

种类	特性
氮肥	促进叶片生长、颜色变绿、花芽分化
磷肥	促进开花、球根膨大
钾肥	促进茎枝粗壮，根系发达，花香、花艳

在花卉市场里通常肥料的元素并不单一，可以是多种元素组成在一起，大家按需购买即可，如兰花一类的花卉还有自己的专用肥料，更加省心省事。

除此之外，大家还可以自己制作肥料。生活中的厨余、部分废弃物就是很好的自制肥料来源，下面提供几个自制肥料的方法：

一是使用淘米水。淘米水中含的糠粉和碎米细粒丰富，含有氮和多种微量元素。可将淘米水收集起来装入瓶中封口 15~20 天，稀释后便可作为肥料养护花卉。

二是在秋季收集杨树、柳树、松树以及野草细枝叶，以一层树叶一层园土的比例装入容器中，压实、注水、封盖，待第二年便可作为富含营养的酸性土壤施用。

三是将磨豆浆留下的残渣装入容器，加入 10 倍清水，夏天经过约 10 天、秋季经过 20 天左右便可发酵成功，是非常好的肥料。

小工具为你省事、省时间

小型喷雾器

用于空气干燥时向叶面和盆器周围喷雾，增加湿度，去除灰尘；也可喷药和喷肥，控制病虫害。

浇水壶、弯嘴壶

家庭养花常用带长嘴和有细喷头的浇水壶，主要用于日常浇水和施肥。对于盆景中多肉植物，推荐使用挤压式弯嘴壶，可控制水量，防止水大烂根，同时也避免水浇灌到植株上，防止叶片腐烂。

修枝剪与小剪刀

剪取插条、插叶，修剪整形，修根及扦插时使用。

竹签

可用来判断盆土湿度，将竹签插入盆中，如果没有将盆土带出，则表示需要浇水了。

小铲子

用于搅拌栽培土壤，换盆时铲土、脱盆、加土等。

镊子

清除枯枝、枯叶，是扦插多肉的好伙伴，也可用作清除昆虫虫卵。

目录

第一章　千万不能犯的错误

浇水越勤越好 ✕ …………………… 14

随便拿点土就开种 ✕ …………………… 15

植物都爱晒太阳 ✕ …………………… 16

冬天将植物在室内随意摆放 ✕ …… 16

花盆好看就行 ✕ …………………… 17

多肉不用浇水 ✕ …………………… 17

第二章　一养就活的观花植物

金鱼草 …………………… 20

三色堇 …………………… 22

叶子花 …………………… 24

鸡冠花 …………………… 26

君子兰 …………………… 28

蝴蝶兰 …………………… 29

茉莉 …………………… 30

月季 …………………… 32

菊花 …………………… 34

非洲菊 …………………… 36

千日红 …………………… 38

长寿花 …………………… 39

蟹爪兰 ……………………………… 40

栀子 …………………………………… 41

杜鹃 …………………………………… 42

凤仙花 ………………………………… 44

仙客来 ………………………………… 46

翠菊 …………………………………… 48

矮牵牛 ………………………………… 50

红掌 …………………………………… 52

小苍兰 ………………………………… 53

瓜叶菊 ………………………………… 54

山茶 …………………………………… 55

马蹄莲 ………………………………… 56

蒲包花 ………………………………… 57

四季秋海棠 …………………………… 58

朱顶红 ………………………………… 59

第三章　省心又省事的观叶植物

文竹 …………………………………… 62

芦荟 …………………………………… 64

虎尾兰 ………………………………… 65

一叶兰 ………………………………… 66

橡皮树 ………………………………… 68

巴西木 ………………………………… 70

发财树 ………………………………… 72

万年青 ………………………………… 74

散尾葵 ………………………………… 75

鹅掌柴 ………………………………… 76

常春藤 ………………………………… 78

彩叶草 ………………………………… 80

绿巨人 ………………………………… 82

虎耳草 …………………………………… 84

米兰 ……………………………………… 85

绿萝 ……………………………………… 86

铜钱草 …………………………………… 88

薄荷 ……………………………………… 90

龟背竹 …………………………………… 92

滴水观音 ………………………………… 93

吊兰 ……………………………………… 94

变叶木 …………………………………… 95

富贵竹 …………………………………… 96

豆瓣绿 …………………………………… 97

吊竹梅 …………………………………… 98

冷水花 …………………………………… 99

袖珍椰子 ………………………………… 100

幸福树 …………………………………… 101

第四章　超简单的观果植物

金橘 ……………………………………… 104

佛手 ……………………………………… 106

石榴 ……………………………………… 108

珊瑚樱 …………………………………… 110

朱砂根 …………………………………… 111

观赏辣椒 ………………………………… 112

火棘 ……………………………………… 114

第五章　新人也能养好的多肉

玉露 ……………………………………… 118

白牡丹 …………………………………… 119

花月夜 …………………………………… 120

霜之朝 …………………………………… 121

吉娃莲 …………………… 122

玉蝶 ……………………… 124

虹之玉 …………………… 126

大叶不死鸟 ……………… 128

黑王子 …………………… 129

千代田之松 ……………… 130

花月锦 …………………… 132

条纹十二卷 ……………… 134

熊童子 …………………… 135

黄丽 ……………………… 136

蓝石莲 …………………… 138

第六章 这些植物还可以水培哦

富贵竹 …………………… 142

绿萝 ……………………… 144

铜钱草 …………………… 145

风信子 …………………… 146

吊兰 ……………………… 148

滴水观音 ………………… 149

豆瓣绿 …………………… 150

龟背竹 …………………… 151

碰碰香 …………………… 152

附录

土培植物全年养护花历 …… 154

拼音索引 ………………… 158

浇水越勤越好 ✕
　　　随便拿点土就开种 ✕
花盆好看就行 ✕
　　植物都爱晒太阳 ✕　　多肉不用浇水 ✕
冬天将植物在室内随意摆放 ✕

第一章
千万不能犯的错误

新手在养花过程中常常会犯一些错误，自己却不知道，还以为是正确的养护方式。按照这些方式去养护花卉，常常把花卉养死了。本章将这些错误列了出来，并给出了正确做法，帮助新人快速上手养好花。

浇水越勤越好 ✕

浇水是种植花草中最基本的步骤，适量的水分能保证植株正常生长，而在植物的有氧呼吸中也需要水的参与。但是不是水浇得越勤快越好呢？

其实并不是这样。新人在养花草的过程中最容易犯的错误就是"浇水过勤"。适量的水可以帮助植物更好地生长，但过量的水会导致花草根接触不到空气，无法进行正常的有氧呼吸而出现烂根的情况。所以浇水也有小技巧。

1. 水质

自来水是家庭养花中最常用的浇花水，每次浇花前可以日晒一天，这样能让水中的氯气挥发，不致伤害植物。茶水、淘米水不适合直接浇花，可以将这些水收集起来，密封发酵后再稀释浇灌。

2. 水温

浇花用水的水温要略高于土壤温度或者气温，一般通过贮水来提高水温。夏季高温的正午不宜浇水，避免因水温低而土壤温度高，两者温差过大导致对根系的伤害。

3. 浇水原则

浇水根据植物种类不同而不同，一般分为干透浇透、见干浇透、宁湿勿干、干湿交替 4 种。

干透浇透是指盆土完全干透后再浇水，要浇到盆底有少量水渗出；见干浇透是指盆土表面干了就要浇水，浇到盆底有少量水渗出；宁湿勿干适用于怕旱的植物，需要勤浇水，保持盆土潮湿；干湿交替是指盆土基本全干还有一丝潮气的时候浇水，这一种浇水方法在时间上较难掌握。

随便拿点土就开种 ×

新人养花时往往着重注意植株品相，却忽略了土壤的重要性。常随便在家附近挖点泥土或者盲目模仿论坛种花达人的配方，这样是很难养护好植物的。因为土壤是植物生长的根基，应该按照植物属性来挑选土壤。这里介绍新手养花过程中常用土壤的特性及注意事项。

1. 园土

园土是普通的栽培土，因经常施肥耕作，肥力较高，富含腐殖质，团粒结构好，是培养土的主要成分。但其缺点是干时表层易板结，湿时透气透水性差，不能单独使用。

2. 腐叶土

腐叶土是利用各种植物叶子、杂草等掺入园土，经过腐烂而成的天然腐殖质土。土质疏松，呈酸性，需经过暴晒后使用。

3. 河沙

河沙是培养土的基础材料，能够改善土壤的物理结构，增加土壤的通气排水功能。掺入一定比例河沙有利于培养土透气排水，但本身毫无肥力。

4. 泥炭

泥炭又叫草炭、泥炭土，含丰富的有机质，呈酸性，适用栽植耐酸性植物。泥炭本身有防腐作用，不易产生真菌。

5. 木屑

将木屑发酵后，掺入培养土中，能改善土壤的松散度和吸水性。木屑还能不同程度地中和土壤的酸碱度，有利于花木生长。

6. 煤渣

煤渣的主要成分是二氧化硅、氧化铝、氧化铁、氧化钙、氧化镁等，是城市家庭养护花草的良好材料。它透气性强、排水性好，且含有磷、钾，干净无病虫。

7. 草木灰

草木灰是稻草或其他杂草烧成的灰，富含有机质钾肥，加入培养土中可增强排水性，但不可以单独使用。

植物都爱晒太阳 ×

　　新人开始养花时认为植物都需要阳光，因此一年四季都将它们搬出去晒太阳。其实光照应该按照植物的不同品种、生长周期、季节变化而做出相应调整。光照会受一些因素变化而有所变化，如纬度越高，光照强度会减弱；海拔升高，光照强度会增强；四季中，夏季光照强度最大，冬季最弱。植物按照对光照需求大致可分为长日照花卉、短日照花卉、日中性花卉。

1. 长日照花卉

　　长日照花卉每天需要至少 12 小时的光照，才能顺利开花。这些花卉都是喜光的阳性花卉。

2. 短日照花卉

　　短日照花卉对光照需求小于 12 小时，且多在秋季开花。夏季日照长，为其生长期，不开花。

3. 日中性花卉

　　日中性花卉无所谓光照时间长短，光照充足或半阴均可开花。

冬天将植物在室内随意摆放 ×

　　为了让植物更好地过冬，人们通常会将植物移入室内，但室内摆放也需要针对植物特性。如若将植物放在室内阳台，则可以按植物喜光顺序摆放，如特别喜光的多肉植物、草本植物可摆放在靠窗的位置；处于休眠、半休眠和耐阴的植株可以放在阳台低处或靠内墙的地方。

　　如若将植物放在室内过冬，则需要远离热风口或冷风口，以免热空气长时间吹袭而导致花卉受伤。

花盆好看就行 ✕

新人选花盆时常常只注意花盆的外观,而忽略了花盆的大小和材质。通常而言,花盆的大小是要和植株匹配的,花盆深度为植株高度的 1/4 或者 1/3,花盆直径为植株高度的 2/3。而花盆材质常见的有瓦盆、塑料盆、陶盆、树脂花盆。

1. 瓦盆

瓦盆经济适用,因其盆壁上有许多细微孔隙,透气和渗水性较理想,这对盆土中肥料分解、根系呼吸和生长都有好处。

2. 塑料盆

塑料盆便于洗涤和消毒,但缺点是不透气、不渗水,所以只适合栽种耐水湿的花草。

3. 陶盆

陶盆朴素耐看,由于其烧制过程中自然形成微密实气孔,保证了良好的透气性和吸收能力。

4. 树脂花盆

树脂花盆外观看起来像塑料花盆,但由于是由树脂加工而成,因此其吸光性好,透气性强,同时对水有较好的吸附性,可以使得土壤保持湿润。

多肉不用浇水 ✕

新人大多会认为多肉植物不需要浇水,这是错误的。多肉植物并不喜旱,也需要及时浇水。通常株形小的多肉 5~7 天浇水 1 次,稍大些的多肉可 7~10 天浇水 1 次,不过浇水时间最好避开阳光强烈的时段。

金鱼草　凤仙花　鸡冠花　月季　千日红

茉莉　君子兰　仙客来　子花　叶子花

非洲菊　翠菊　三色堇

蟹爪兰

第二章
一养就活的观花植物

花小、花少、花色不艳、不开花、花易凋落……
这些都是新人养护观花植物中遇到的常见问题。本
章均挑选好养、好活、好打理的观花植物，并讲解
了它们的养护方法以及花友们在养护过程中的常见
问题，帮助新人们解决养花烦恼。

光照	浇水	湿度	温度	土壤	肥料	花期
全日照	保持土壤湿润	喜湿润	10~25℃	疏松和排水良好的土壤	稀释饼肥水	5~9月

　　玄参科金鱼草属，原产于地中海地区。喜阳光，较耐寒，不耐热，适合摆放在窗台、阳台、茶几等处。金鱼草对氟化氢的抗性较强，可净化空气。

金鱼草

这样养很好活

　　春季要保持光照充足，同时保持土壤湿润。

　　夏季保持土壤湿润，不可有积水。

　　秋季每隔10~15天施肥1次，降低浇水频率，土壤略微湿润即可。

　　冬季要保证温度不低于0℃，同时保证充足的光照，否则会出现"盲花"或畸形花。

千万不要这样养

花盆内有积水会导致金鱼草烂根，所以需小心控制浇水量，只需保证土壤湿润。可选择排水性能好的花盆。

四季浇水日历

冬季	春季	夏季	秋季
少浇水，土壤不干裂	保持土壤湿润即可	每2天浇1次	每2天浇1次

金鱼草开花不艳丽怎么办？

开花前可以适当多浇些水并向花盆周围喷洒一些水，保证空气湿润。在开花前也应适当加强光照，可以让它开花更艳丽。但春、夏、秋三季遇强光时应当遮光 1~2 次。同时，开花前可以增施磷肥，可使其多孕蕾、开花，增强其观赏效果。但开花期间不要施肥。

1 选购要领。购买时选择茎干粗壮，叶片肥厚的。金鱼草一般植株高度在 20 厘米，冠幅 20 厘米左右，花朵在花枝基部 1/3 处开放。

2 施肥。金鱼草具有根瘤菌，本身有固氮作用，可少施或者不施氮肥，适量增加磷钾肥即可。

3 修剪。金鱼草株高约 8 厘米时需摘心，高约 15 厘米时再摘心，经过 2~3 次摘心，可使植株矮化，分枝多，多长花穗。

金鱼草有毒性，易过敏的人减少直接接触。

光照 全日照	浇水 保持土壤 湿润	湿度 喜湿润	温度 7~15℃	土壤 疏松和排水 良好的土壤	肥料 稀释饼肥水	花期 4~6月

　　堇菜科堇菜属，喜凉爽，较耐阴，怕高温。三色堇可以摆放在客厅茶几、餐桌、窗台等处。同时对二氧化硫污染有净化作用。

三色堇

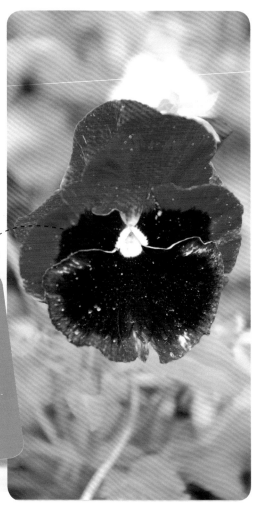

这样养很好活

　　春季要保持光照充足，保持土壤湿润。

　　夏季保持土壤湿润，需要适当遮阴。

　　秋季保证充足光照，土壤湿润即可。

　　冬季可以移到0℃以上的室内，保证充足的光照，土壤可略微偏干，无需施肥。

千万不要这样养

花盆内有积水会导致三色堇烂根，所以需小心控制浇水量，只需保证土壤湿润，可选择排水性能好的花盆。同时保证全日照，否则不易开花。

四季浇水日历

冬季	春季	夏季	秋季
每2~3天浇水1次	每2~3天浇水1次	每天浇水1次	每2~3天浇水1次

三色堇叶片上长黄褐色斑点怎么办?

黄褐色斑点通常是炭疽病危害导致的,要注意通风透光,降低空气湿度,及时摘掉病叶。发病前喷洒 160 倍波尔多液,每半个月喷 1 次;发病期喷 50% 多菌灵可湿性粉剂 800 倍液,均可防治。

1 选购要领。购买时选择植株紧凑、分枝性好、叶片密集的。植株高度在 20 厘米、冠幅 20 厘米、花苞多、有部分花朵已开花的为佳。

2 施肥。在三色堇生长旺盛且有徒长迹象时,使用矮壮素等抑制剂,可使植株生长缓慢并延迟开花。

3 移盆。在幼苗长出 5~6 片叶时移栽上盆。移植时需多带土,否则影响成活。

开花时,每
2 周施磷钾肥
1 次。

光照 全日照	浇水 保持土壤 湿润	湿度 喜湿润	温度 20~30℃	土壤 疏松和排水 良好的土壤	肥料 腐熟肥	花期 3~7月 （温室）

　　紫茉莉科叶子花属，喜温暖，不耐寒。叶子花可以摆放在门厅、阳台、窗台等处。叶子花具有一定的抗二氧化硫功能。

叶子花

这样养很好活

　　春季要求光照充足，保持土壤湿润，向叶片和盆株四周洒水以增加空气湿度。

　　夏季每天浇水 1 次，保持充足光照。

　　秋季保证充足光照，可开花不断。

　　冬季温度需保持在 10℃以上，同时保证充足的光照，保持盆土湿润。空气湿度较低时，需向盆株四周和叶片洒水。

千万不要这样养

叶子花必须有充足的光照，否则会引起落叶和不开花。所以不要将叶子花长时间放在阴凉处。需要定期修剪，长时间未修剪会消耗大量养分。

四季浇水日历

冬季	春季	夏季	秋季
每4~5天浇水1次	每2~3天浇水1次	每天浇水1次	控制浇水量

叶子花得了根腐病怎么办？

根腐病一般是由于生长期浇水过多造成的，防治方法就是控制浇水量，防止土壤过湿，剪除已经腐烂的根部，重新更换土壤后栽植。

1 选购要领。购买时选择植株主干粗壮、直径在 1.3~2 厘米、根系发达的为佳。

2 修剪。在一茬花期过后或者新枝生长前修剪，剪去过密的内膛枝和徒长枝，原则上以保持半球形为宜，轻剪为主，一般摘心后 5 个月长出花苞。

3 施肥。换盆时可以放一些干鸡粪和腐熟的花生饼肥渣作基肥。新叶长出后，每隔 15 天左右施稀薄液肥 1 次。

叶子花喜水但忌积水，浇水时干透浇透。

光照 全日照	浇水 尽量保持 土壤干燥	湿度 喜干燥	温度 18~28℃	土壤 疏松和排水 良好的土壤	肥料 腐熟肥	花期 7~10月

苋科青葙属，喜温暖，不耐寒。鸡冠花可以摆放在窗台、阳台。鸡冠花对二氧化硫、氯化氢具有良好抗性，可以起到绿化、美化和净化环境的多重作用。

鸡冠花

这样养很好活

春季要保持光照充足和土壤偏干。

夏季在未出现花序前控制浇水，出现花序后保持土壤湿润，充足光照，出现花蕾后可以施磷钾肥1次。

秋季花开败前保证充足光照，开花后至衰败前保持盆土偏干。

冬季霜后逐渐枯死。

千万不要这样养

不要将鸡冠花放在阴凉处，鸡冠花开花需要充足光照。同时不可对鸡冠花浇过多的水，保持盆土稍干燥，鸡冠花怕涝，浇水过多会导致死亡。

四季浇水日历

冬季	春季	夏季	秋季
枯死，无需浇水	每周浇水1次	无花序，每周浇1次 有花序，每周浇2次	花败前每周浇水2次

怎样使鸡冠花色彩美丽？

鸡冠花苗移栽成活后需要摘心1次，生长后期加施磷钾肥1次，并多见阳光，即可较长时间保持花色浓艳。

1 选购要领。购买时选择植株主干粗壮或矮壮、叶片丰满且光泽度好、小花密集、枝干挺拔或扭曲折叠的为佳。

2 修剪。头状鸡冠花不需摘心，穗状鸡冠花只需在苗株成活后进行一次摘心即可。

3 施肥。盆株摘心后可追加液肥1~2次。如果氮肥过量，会导致植株徒长和花期推迟。

鸡冠花喜干燥。天气干旱时适当浇水，阴雨天及时排水。

君子兰

石蒜科君子兰属，原产于非洲南部。君子兰每年换盆一次，换盆时间应该安排在春秋两季或花后。每天保证有3~5小时的弱光照。9~10月是君子兰的生长旺季，可以追加一些肥料。冬日要放在室内向阳处养护，保证气温不低于5℃，如没有加温条件，可以用塑料膜套住花盆。

君子兰为什么叶子发黄？

阳光直射容易发生日灼病，导致叶子变黄。用重黏土栽培君子兰，也易导致叶片变黄。

这样养最好活

室温不低于10℃

保持盆土湿润

使用存放2~3天的水浇水

千万不要这样养

不要按天数来计划浇水

不要让肥液沾染叶片

不要强光直射

光照：弱直射光
浇水：干透浇透
土壤：腐叶土
肥料：腐熟饼肥

蝴蝶兰

兰科蝴蝶兰属，原产于亚热带雨林区。蝴蝶兰换盆一般在夏初，最低气温稳定在20℃左右时。换盆初期要少浇水，多向周围喷雾，保持较高的空气湿度。蝴蝶兰不耐寒，在冬季时要放在室温10℃以上、有光照的室内培养。

蝴蝶兰总是不开花怎么办？

可以考虑加大温差，白天保证蝴蝶兰所处室温为28℃，晚上摆放在室温20℃的地方以便催出花剑。

这样养最好活

用陶盆

干透浇透

注意通风透光

千万不要这样养

不要直接向叶基部浇水

不要放在阳光直射处

不要用碱性土壤

光照：喜散射光，弱直射光
浇水：干透浇透
土壤：水苔土
肥料：1000倍的通用肥

光照 全日照	浇水 保持土壤 湿润	湿度 喜湿润	温度 5~30℃	土壤 酸性土壤	肥料 稀释饼肥水	花期 5~9月

木樨科素馨属，喜阳光，不耐寒，对温度敏感，适合摆放在窗台、阳台、茶几等处。茉莉可吸收二氧化碳、甲醛等气体，是很好的空气清新剂。

茉莉

这样养很好活

春季要保持光照充足和良好的通风环境。

夏季每天早晚浇水，并给枝叶适当喷水，多晒太阳，保证肥水充足。

秋季保证充足光照和通风。

冬季要保持温度不低于 10℃，同时要求充足的光照，减少浇水量，土壤可略微偏干，无需施肥。

千万不要这样养

花盆内有积水会导致茉莉烂根，所以需小心控制浇水量，只需保证土壤湿润，可选择排水性能好的花盆。高温闷热也会导致茉莉烂根，所以一定要保持良好的通风。

四季浇水日历

冬季	春季	夏季	秋季
少浇水	2~3 天浇水 1 次	每天浇水 2 次	每 3~4 天浇水 1 次

茉莉叶片黄了怎么办?

茉莉喜欢透气性好的疏松土壤,土壤透气性差易发生叶片枯黄。要避免用黏质土壤,以免表土板结,影响根系发育。花盆积水也容易导致叶片枯黄,严重会造成烂根,所以要使用排水性强的花盆。

1 选购要领。购买时选择叶片大且浓绿,植株健壮、枝条密集的。植株高度在20厘米、冠幅20厘米左右,以花枝多、花苞多的为好。

2 施肥。新买的植株需适应新环境可暂不施肥,长出新叶后可每周施肥1次。

3 修剪。开花时要及时摘去残花,同时剪去多余枝条。花谚"修枝要狠,开花才稳"就是这个道理。

盛花期后,要重剪,以利萌发新枝,使植株整齐健壮,开花旺盛。

光照	浇水	湿度	温度	土壤	肥料	花期
全日照	保持土壤湿润	喜湿润	15~26℃	腐叶土	稀释饼肥水	4~10月

　　蔷薇科蔷薇属，喜温暖，较耐寒，忌炎热，适合摆放、种植庭院或盆栽在窗台、阳台等处。月季可有效清除苯、乙醚等有害气体。

月季

这样养很好活

　　春季保持盆土湿润和充足光照。

　　夏季每天上午10点前浇水，并给枝叶和四周适当喷水，以便于降温增湿。

　　秋季可增施一些磷钾肥，刚刚入秋时可勤浇水，深秋应控制浇水。

　　冬季要保证温度不低于0℃，减少浇水量，土壤可略偏微干，停止施肥。

千万不要这样养

冬天盆土过湿，月季容易死；暴晒，花瓣容易焦枯；缺水，易枯叶凋零。所以养护月季过程中要注意控制浇水量。

四季浇水日历

冬季	春季	夏季	秋季
每周浇水1~2次	每2天浇水1次	每天浇水1次	每2天浇水1次

月季不开花怎么办？

长期不换盆，土壤肥力不够，缺少磷钾肥都会导致月季不开花。长时间放置于荫蔽处，通风不良也会不开花；还需要常修剪过于旺盛的分枝，以免影响花芽分化，导致少开花或不开花。

1 选购要领。购买时选择植株矮壮，株高不超过 40 厘米，以枝叶繁茂和花蕾多、饱满并露色，有几朵已初开的为佳。

2 施肥。每 10 天施肥 1 次，可以将豆饼、禽粪等用水浸泡发酵后掺水施肥。

3 修剪。开花期要及时摘去残花，同时剪去多余枝条，但必须在萌芽前完成。

月季每天至少要有 6 小时以上的光照。

光照 全日照	浇水 保持土壤 湿润	湿度 喜湿润	温度 18~21℃	土壤 沙质土	肥料 稀释饼肥水	花期 9~10月

　　菊科菊属，喜湿润，忌积水，适合摆放在窗台、阳台等处，也可用于切花观赏。菊花可抗二氧化硫、氯化氢等有害气体。

菊花

这样养很好活

　　春季要求阳光充足，盆土湿润，但幼苗期应少浇水，避免盆土过湿或积水。

　　夏季注意适度遮阴，可在早晚各浇水1次。

　　秋天开花前可增加肥水量，但要避免因肥水过多造成枝条徒长。

　　冬季地上枝枯萎后要及时剪除，盆栽菊可移放室内越冬。

千万不要这样养

菊花最怕积水。阴天、下雨天切忌浇水。此外，最好采用排水性好的花盆。每次浇水时要浇透，等见干时再浇。

四季浇水日历

冬季	春季	夏季	秋季
每周浇水2次	每周浇水2~3次	早晚各浇水1次	每周浇水3次

菊花怎样才能开好花?

除盆中施放基肥外,幼苗期不再追肥。扦插繁殖的苗株不宜多浇水。定植后长出 4~5 片叶时,及时剪去病虫枝和过密枝,对保留枝条进行摘心,压低株形。

成株期浇水要适量,不可让盆土积水。入秋后每周施 1 次腐熟的稀薄液肥;到孕蕾期再施 1~2 次 0.1% 的磷酸二氢钾或 1%~2% 的过磷酸钙。

1 选购要领。购买时选择株形丰满、株高不超过 30 厘米,以叶片密集、紧凑、深绿,植株花蕾大并有部分花朵已开放的为佳。

2 施肥。生长期每 15 天施肥 1 次,可以将豆饼用水浸泡发酵后掺水施肥,开花前每周在傍晚施 1 次磷钾肥。

3 修剪。要及时剪除过密枝和病枝,并摘心和控制菊株高度。

在菊花植株定植时,盆中要施足底肥。

| 光照全日照 | 浇水保持土壤湿润 | 湿度喜湿润 | 温度20~25℃ | 土壤腐叶土 | 肥料稀释饼肥水 | 花期11月至翌年4月 |

菊科大丁草属，喜湿润，忌积水，适合摆放在窗台、阳台、书房等处。非洲菊能吸收烟草中的尼古丁和空气中的氯气。

非洲菊

这样养很好活

春季保证阳光充足，开花后降低温度，注意遮阴。

夏季注意遮阴，盆土以湿润偏干为佳，保持环境凉爽。

秋天保持土壤湿润、光照充足。

冬季移到室内，保持温度10~15℃，盆土偏干、阳光充足。

千万不要这样养

盛夏季节不浇水。非洲菊夏季喜欢凉爽的环境，在干旱缺水的情况下，花鲜色彩会发黑，容易枯萎死亡，因此，夏季温度高时要注意补水。

四季浇水日历

冬季	春季	夏季	秋季
每4~5天浇水1次	每周浇水2~3次	每2~3天浇水1次	每3~4天浇水1次

非洲菊不开花怎么办？

非洲菊特别喜欢阳光，尤其在开花期，要让植株中心部分也能照到阳光，有利于花茎生长和植株开花。否则易导致开花少、开花小，叶片瘦弱变黄，甚至造成全株死亡。

浇水时不能向叶丛中心淋水，会导致花芽腐烂，影响开花。

1 选购要领。盆花要求植株健壮，叶丛丰满、排列有序。叶色深绿，无缺损、无病虫害。

2 施肥。生长期每15天施肥1次，可以用豆饼加水浸泡发酵后稀释使用。

3 修剪。控制植株高度，摘除部分老化叶片，花开败后将花茎及时剪除。

非洲菊比较喜肥，夏季施肥时氮与钾的比例为 2:1，冬季为 1.5:1。

千日红

苋科千日红属，喜温暖，不耐寒，怕霜雪，花期长。春季需要高温和充足的光照，保持土壤湿润偏干，无需施肥；夏季当花蕾出现后增加浇水次数，保持土壤湿润，追加复合肥 2~3 次；秋季保证阳光充足，土壤稍微湿润，花败后即可弃。

千日红如何施肥？

幼苗生长前期不施肥，出现花蕾后可追施复合肥 2~3 次。开花前增施 0.2% 磷酸二氢钾液 1 次。

这样养最好活

- 每天不低于 4 小时的直射光
- 保持盆土偏干
- 定植时用腐熟鸡粪作为基肥

千万不要这样养

- 不要过勤地浇水
- 夏季不要遮阴
- 不要往花朵上喷水

光照：全日照
浇水：每周 1 次
土壤：腐叶土
肥料：复合肥

长寿花

　　景天科伽蓝菜属，喜温暖，怕积水，耐干旱。春季将盆株放在阳光下养护，盆土潮润偏干；夏季中午前后适当遮阴保持通风，盆土湿润偏干；秋季保持阳光充足；冬季低温时减少浇水次数。

长寿花如何开得更艳丽？

　　生长期约每2周施肥1次，盆土保持湿润。冬季控制浇水并放在室内光照充足的地方。夜间温度保持在10℃以上。

这样养最好活

- 保证充足光照
- 生长期每半个月施肥1次
- 土壤保持湿润偏干

千万不要这样养

- 夏季不要暴晒
- 气温不可低于6℃

光照：全日照
浇水：干透浇透
土壤：沙质土
肥料：复合肥

蟹爪兰

　　仙人掌科仙人指属，原产地巴西。喜阴凉、忌曝晒、较耐旱。春季要保证充足的光照，每周浇水 1 次，随着温度的升高可以逐步加大浇水量。夏季时需要对蟹爪兰进行遮阴处理，保持水分供应；秋季只需保证早晚有光照即可，土干后立刻浇水；冬季室温应保持在 10℃之上，土干后再浇水。

蟹爪兰怎样避免烂根？

　　使用疏松的由粗砂、腐叶土组成的混合土壤，夏季浇水次数减少，避免花盆内存水。夏季适度遮阴。

这样养最好活

夏季可向植株四周喷水

保持盆土偏干

保持通风

千万不要这样养

不要冬季贸然移入室内，造成温差过大

不要使用肥料

不要轻易移盆

光照：8~10 小时
浇水：见干浇透
土壤：微酸性土
肥料：不宜使用化肥

栀子

　　茜草科栀子属，喜温暖、怕积水。春季要保证充足的光照；夏季喷水增加空气湿度，开花前追加1次磷钾肥；秋季保证光照，盆土湿润偏干；冬季土不干不浇水，常用温水喷洒叶面。

栀子叶子变黄，花蕾凋落怎么办？

　　栀子喜欢酸性土壤，需要放在通风处养护，等适应环境以后再搬到阳光下。要经常给它喷水，保持湿润。

这样养最好活

- 使用酸性土壤
- 保持空气湿润
- 保持通风

千万不要这样养

- 冬季不要放在室外
- 不要用碱性水浇水
- 花盆不能积水

光照：全日照
浇水：干透浇透
土壤：微酸性土
肥料：磷钾肥

光照 全日照	浇水 保持土壤 湿润	湿度 喜湿润	温度 15~28℃	土壤 酸性土壤， 忌黏性土壤	肥料 稀释饼肥水	花期 4~6月

　　杜鹃花科杜鹃属，喜湿润、怕干旱、忌水涝。杜鹃可以摆放在门厅、客厅、阳台、窗台等处，其对二氧化硫、臭氧等有害气体的抗性和吸收能力较强。

杜鹃

这样养很好活

　　春季需保证阳光充足，当温度升高后再移至半阴处，保持盆土潮湿。

　　夏季浇水须浇透，傍晚向叶面喷雾，放半阴处养护，加强通风。

　　秋季需加强光照，保持盆土湿润。

　　冬季可放在5℃以上的窗台上，保证光照和土壤湿润。

千万不要这样养

　　杜鹃花对水质要求较高，不可使用碱性水。栽植前可以在盆土里加些白矾用以提高土壤酸性。此外，杜鹃喜湿润空气，不可让空气过于干燥，每天要向叶面喷雾多次。

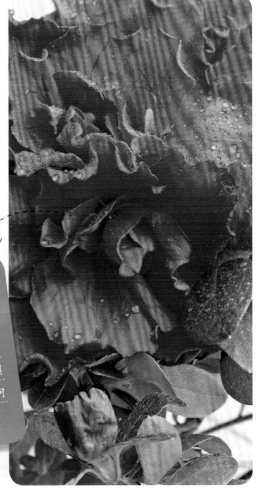

四季浇水日历

冬季	春季	夏季	秋季
每周浇水1次	每周浇水2~3次	每2天浇水1次	每周浇水2~3次

杜鹃叶片为什么会发黄？

杜鹃喜欢酸性土壤，长期用偏碱的水浇灌会导致叶片变黄；缺铁和镁也会导致叶片失绿而泛黄；夏季没注意遮阴和冬季没注意保温都会导致叶片变黄。

盆土过湿或过干，也会导致叶片发黄，落叶枯死。

1 选购要领。购买时选择叶片肥厚、浓绿，植株矮壮、匀称、花苞多而饱满的为佳。

2 施肥。杜鹃施肥总的原则是"勤施薄肥"，但夏季温度过高时暂停施肥。

3 浇水。杜鹃不喜欢碱性水，因此浇水时最好使用天然雨水。

日常修剪需剪掉少数病枝、纤弱老枝，结合树冠形态剪除一些过密枝条。

光照
全日照

浇水
保持土壤
湿润

湿度
喜湿润

温度
20~30℃

土壤
酸性土壤

肥料
稀释饼肥水

花期
6~10月

　　凤仙花科凤仙花属，喜阳光，不耐寒，适用于阳台、窗台等陈设处或悬挂于居室。但凤仙花有一定毒性，注意不要在密闭的室内摆放。

凤仙花

这样养很好活

　　春季需保证阳光充足，当温度升高后避免阳光直射，保持盆土潮湿。

　　夏季每天早晚各浇水1次，适当遮阴，加强通风。

　　秋季需加强光照，保持盆土湿润。

　　冬季花败后即可弃。

千万不要这样养

　　不要在通风差的条件下还经常浇水。凤仙花在多湿且通风不畅的环境里，会使得白粉病迅速蔓延，导致植株死亡。所以一定要注意通风，避免长时间环境过湿。

四季浇水日历

冬季	春季	夏季	秋季
枯死	每2天浇水1次	每天浇水1次	每2天浇水1次

为什么凤仙花不开花?

凤仙花生长迅速,如果不及时修剪,会造成植株不能很好地分枝,开花不均,继而容易导致植株萎蔫。因此凤仙花基部开花后,应及时摘心,便于各枝顶都能陆续开花。

1 选购要领。挑选植株矮壮,株高不超过 30 厘米,叶片绿色完整的。

2 施肥。生长期每半个月施肥 1 次,用稀释饼肥水。

3 修剪。植株高 20 厘米时进行摘心,促使其分枝,形成丰满的株形。

盆栽凤仙花,雨后应及时倒盆。秋末应将病叶、病株集中销毁,减少来年传染源。

光照	浇水	湿度	温度	土壤	肥料	花期
全日照	保持土壤湿润	喜湿润	15~25℃	腐叶土	稀释饼肥水	10月至翌年4月

　　报春花科仙客来属，原产于地中海的东南部、非洲北部。喜阳光、忌直晒、畏严寒。可以摆放在客厅、案头、窗台和餐桌的高档盆花。

仙客来

这样养很好活

　　春季需保证阳光充足，但需避免阳光直射，保持盆土潮湿。

　　夏季进入休眠期，要用两层遮阴网进行遮阴，停止浇水。

　　秋季保持盆土湿润，避免积水。

　　冬季保持盆土湿润。

千万不要这样养

长时间处于光照不足的环境，会使得仙客来叶片发黄，而通风差、烟尘和污浊空气会导致花瓣干枯而凋谢。

四季浇水日历

冬季	春季	夏季	秋季
每周浇水2~3次	每周浇水3次	球茎休眠，暂停浇水	每周浇水2~3次

为什么不能朝仙客来花瓣上喷水？

在花瓣上喷水，会使仙客来花瓣腐烂。此外，仙客来对水分要求很高，浇水过少会导致花朵变小，球茎推迟萌芽和开花。过多又会使花瓣、叶片出现灰霉病和其他真菌性病害。

1 选购要领。挑选叶片心形，叶面绿色、有白色斑纹，花蕾数多的盆花。

2 施肥。生长期每半个月施肥 1 次，花期增施磷钾肥，液肥不要沾污叶面。

3 修剪。随时摘除残花败叶，以免因霉烂影响结果。

仙客来植株有一定的毒性，尤其球茎部，误食可能导致腹泻、呕吐。

光照	浇水	湿度	温度	土壤	肥料	花期
全日照	保持土壤湿润	喜湿润	15~25℃	沙质土	稀释饼肥水	5~10月

菊科翠菊属，喜温暖，不耐寒，忌高温。翠菊可以布置窗台、阳台和书房花架，十分得体和美观，同时翠菊可以吸收氯气。

翠菊

这样养很好活

春季保持盆土湿润偏干和阳光充足。

夏季保证阳光充足，盛夏要注意遮阴、降温和通风。

秋季喜欢阳光充足，保持盆土湿润。

冬季温度保持在5℃以上，土壤以稍湿润为宜。

千万不要这样养

翠菊比较容易感染叶斑病、萎黄病等病害，所以发现了病叶一定要及时摘除，同时施肥时不要将肥液沾污到叶片上。

四季浇水日历

冬季	春季	夏季	秋季
每天适量浇水1次	每天浇水1次	每天浇水2次	每天浇水1次

怎么减少翠菊水分蒸发?

天气炎热时,可在盆土表面放一层泡剩下的茶叶、锯屑。这样做可以有效减少翠菊的水分蒸发,减少浇水次数,保持盆土湿润。

1 选购要领。选择植株矮壮、叶片浓绿、有花朵和花茎的盆花。

2 施肥。生长期每半个月施肥 1 次,花蕾形成期增施磷钾肥。

3 修剪。苗期摘心 1 次,平时摘除病斑叶片,花谢后及时摘除残花。

翠菊苗期移栽植 2~3 次,促使茎秆粗实,棵形丰满,须根繁密。

光照 全日照	浇水 保持土壤 偏干	湿度 喜湿润	温度 10~18℃	土壤 沙质土	肥料 稀释饼肥水	花期 4~10月

　　茄科碧冬茄属，喜温暖，不耐寒。矮牵牛可以摆放在阳台、窗台、门廊，同时可以吸收空气中的二氧化硫、氯气和氟化物。

矮牵牛

这样养很好活

　　春季需保证阳光充足，保持盆土湿润偏干，注意通风。

　　夏季保证阳光充足，超过25℃需要遮阴、降温和通风。

　　秋季保证阳光充足，保持盆土湿润。

　　冬季需阳光充足，土壤保持稍干燥。

千万不要这样养

矮牵牛忌积水，怕雨涝。因此浇水时一定要控制好水量，以无积水、土壤湿润为佳，花盆可选择排水性强的花盆。

四季浇水日历

冬季	春季	夏季	秋季
每周浇水1次	每周浇水1~2次	每天浇水1次	每周浇水2~3次

怎么使矮牵牛多开花?

保证矮牵牛有充足的阳光,夜间温度在10℃以上,幼苗长到10厘米时要及时摘心,当花谢后及时剪去残花。

1 选购要领。选择株形丰满,叶片浓绿、有花朵和花苞的盆花。

2 施肥。生长期间每半个月施肥1次,但氮肥不宜过量。

3 修剪。夏季高温,植株易倒伏,注意修剪扶正,随时摘除残花和病叶。

在正常的光照条件下,矮牵牛从播种至开花需100天左右。

红掌

天南星科花烛属，喜半阴，不耐寒，忌高温。春季需充足散射光照，盆土保持稍湿润，切忌积水；夏季遇强光时，注意遮阴，喷水提高空气湿度；秋季控制浇水，多喷雾，增加光照；冬季注意防寒保温。

如何选购红掌？

选择植株丰满，叶片完整、深绿，无病斑，花苞多的为佳。

这样养最好活

保持盆土湿润

夏季适当遮阴

空气干燥时及时向叶片喷水

千万不要这样养

盆内不可积水
花朵不可沾水
阳光不可直晒

光照：全日照
浇水：每周1次
土壤：腐叶土
肥料：稀释饼肥水

小苍兰

鸢尾科香雪兰属，喜阳光，不耐寒，忌高温。春季保持阳光充足及盆土湿润；夏季进入休眠期，盆土保持偏干，避免暴晒，注意通风；秋季需充足光照，盆土保持湿润；冬季保证气温在15℃以上，光照充足和盆土湿润。

小苍兰为什么不开花？

生长期温度过高，造成茎叶徒长，或是因为冬季温度过低，导致花期推迟。

这样养最好活

保持盆土湿润

保持充足光照

夏季适当遮阴

千万不要这样养

室温不可过高
氮肥不可过量
阳光不可直晒

光照：全日照
浇水：每周1~2次
土壤：腐叶土
肥料：腐熟肥

瓜叶菊

菊科瓜叶菊属，喜阳光，不耐高温。春季保持阳光充足及盆土湿润；夏季保持盆土以湿润偏干为佳，注意遮阴、通风；秋季保持土壤湿润、光照充足；冬季气温保持在 10~15℃。

怎么播种瓜叶菊？

可在 7~9 月播种。播种宜用 3 份培养土, 2 份腐叶土加 2 份河沙混合的基质。若播于浅盆中, 覆土以看不见种子为度。

这样养最好活

- 保持盆土湿润
- 保持充足光照
- 夏季适当遮阴
- 夏季保持通风

千万不要这样养

叶片不可沾水
阳光不可直晒

光照：全日照
浇水：每周 1 次
土壤：沙壤土
肥料：腐熟肥

山茶

山茶科山茶属，喜温暖，湿润和半阴，不耐高温和暴晒。春季宜阳光充足、盆土湿润，切忌盆土干裂；夏季遮阴通风，气温较高时停止施肥，做好遮阴；秋季追施液肥 2~3 次，注意通风；冬季进入花期，气温保持在 10℃以上，提供阳光充足和通风的环境。

山茶花不开花怎么办？

盆土缺水，导致植株水分不足，花蕾不能开放且易凋落。可适量补充水分，保持盆土湿润，但亦不可过湿。

光照：全日照
浇水：每周 1 次
土壤：微酸性沙壤土
肥料：腐熟液肥

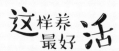

这样养最好活

保持盆土湿润

夏季适当遮阴

夏季保持通风

千万不要这样养

阳光不可直晒
不可使用碱性土壤
不可使用黏质土壤

马蹄莲

天南星科马蹄莲属，喜阳，不耐寒。春季保持盆土稍湿润，阳光充足，室温在 12℃ 以上；夏季注意通风和遮阴；秋季需阳光充足，保持较高的空气湿度，盆土切忌过湿；冬季保持室温在 10℃ 以上，保持土壤湿润。

怎样给马蹄莲修剪整形？

叶子繁茂时及时疏叶，以利于花梗抽出。可将外部老化叶片从基部剥除，保持良好通风，随时剪去病叶及枯黄叶。

这样养最好活

保持盆土干湿适宜

保持充足光照

保持足量水分

千万不要这样养

阳光不可直晒
叶片不可沾染肥液
温度不可低于 0℃

光照：全日照
浇水：每 10 天 1 次
土壤：微酸性沙壤土
肥料：生长期每半月施 1 次液肥

蒲包花

　　玄参科蒲包花属，喜湿润，忌水涝。春季保持盆土湿润，并保持阳光充足，注意室内通风；夏季不要让水珠聚集在叶面及芽苞上；秋季每半个月施肥 1 次，施氮肥不能过量；冬季温度不低于 10℃，严格控水、肥，防止茎叶徒长。

怎样让蒲包花春节
开花？

　　从 10 月起每天
太阳落山后，人工增
加 4~5 小时光照，可
在元旦开花。12 月初
开始使用灯光补光，
也可在春节开花。

光照：全日照
浇水：每 10 天 1 次
土壤：微酸性沙壤土
肥料：腐熟液肥

这样养最好活

保持盆土湿润

保持空气湿度

保持通风

千万不要这样养

阳光不可直晒
叶片不可沾染肥液
温度不可低于 10℃

四季秋海棠

秋海棠科秋海棠属，喜温暖和阳光充足的环境，不耐寒。春季保持阳光充足，盆土湿润偏干；夏季保持盆土湿润，浇水时不要淋湿叶片，注意遮阴、通风；秋季保持阳光充足，盆土湿润，停止施肥；冬季保持盆土偏干，阳光充足。

四季秋海棠开花受阻怎么办？

植株需摘心 2~3 次，使每株保持 4~7 个分枝。摘心后控制浇水，待发新枝后追肥，可保证顺利开花。

这样养最好活

- 保持盆土湿润
- 保持室温 10℃ 以上
- 保持通风
- 夏季适度遮阴

千万不要这样养

- 阳光不可直晒
- 花盆内不可积水

光照：散射光
浇水：每周 1 次
土壤：沙壤土
肥料：腐熟液肥

朱顶红

石蒜科孤挺花属，喜阳光充足，不耐严寒，怕水涝。春季盆土湿润偏干，开花前要充分浇水；夏季保持盆土湿润，注意遮阴、通风，加强水、肥管理；秋季盆株放半阴处，盆土减少浇水；冬季休眠期，停止浇水、停止施肥。

如何给朱顶红浇水？

叶片长出约10厘米高即可正常浇水，生长期保持盆土湿润，切忌积水，应在盆土变干后再浇水。

这样养最好活

保持盆土湿润

保持充足光照

保持通风

夏季需要遮阴

千万不要这样养

阳光不可直晒
花盆内不可积水
液肥不可浇到叶基

光照：散射光
浇水：干透浇透
土壤：腐叶土
肥料：液肥

文竹　吉祥草　虎尾兰　一叶兰
巴西木　米兰　橡皮树
发财树　散尾葵　鹅掌柴
虎耳草　万年青　常春藤
彩叶草

第三章
省心又省事的观叶植物

花开了又败，打理起来还是麻烦？没关系，还
有更省心、更省事的观叶植物，既好看又好打理。
本章均选好打理的观叶植物，哪怕是新人，只要参
照本章的养殖方法，也能养出漂亮的观叶植物，为
生活增添绿色。

光照 全日照	浇水 保持土壤偏干	湿度 喜湿润	温度 20~30℃	土壤 沙壤土	肥料 稀释液肥	花期 8~10月

百合科天门冬属，喜温暖，不耐寒。文竹可以摆放在卧室、阳台和客厅，同时文竹可以清除空气中的细菌和病毒，减少传染性疾病的发生率。

文竹

这样养很好活

春季放在室内向阳处，春末置于散射光下，保证通风，不干不浇水。

夏季置于室内光线明亮处，注意通风，可向四周喷水提高空气湿度。

秋季保证阳光充足，保持盆土湿润。

冬季根据室温高低控制浇水，避免盆土过湿。

 千万不要这样养

千万不要对文竹使用过浓或没有腐熟的肥料。这样的肥料会伤害文竹根系，使叶变黄脱落。此时可用水冲洗盆土，稀释肥液，也可换土来挽救。

四季浇水日历

冬季	春季	夏季	秋季
每周适量浇水1次	干透浇透	每天浇水1次	干透浇透

文竹叶片变黄怎么办？

文竹叶片变黄可能是阳光过强、长期放在蔽阴处气温低于8℃、水涝等因素导致。盛夏要注意遮阴，冬季可以用塑料袋套住植株进行保温，浇水按照不干不浇水，浇则浇透的原则。同时，新装修居室的甲醛污染和吸烟产生的有害物质，也会导致叶片变黄。

1 选购要领。选择造型优美，枝叶浓绿，不过高的植株。

2 施肥。生长期可每月施稀薄液肥1次，文竹开花前增施1次磷肥。

3 修剪。文竹茎具有攀缘性，因此要及时剪去蔓生的枝条。

适时转动花盆的方向，可以修正枝叶生长形状，保持株型不变。

芦荟

　　百合科芦荟属，原产地非洲东南部。喜温暖，不耐寒。春季要保证充足的光照，盆土以湿润偏干为宜，春末可以施肥1次；夏季要将盆株放于阴凉通风处养护；盛夏时保持盆土略干燥，注意通风；秋季只需保证光照，将植株移入室内，盆土保持偏干；冬季室温应保持在5℃之上，盆土干透后才略微浇水。

芦荟如何安全过冬？

　　可给植株套上塑料袋进行保暖，同时保持充足光照，土壤干而不燥。

这样养最好活

保持光照充足

盆土保持湿润偏干

烂根要及时切除后重新盆栽

千万不要这样养

盆土不要积水

不要冬季放在室外

光照：散射光
浇水：干透浇透
土壤：砂质壤土
肥料：稀释饼肥水

虎尾兰

龙舌兰科虎尾兰属，原产地非洲西部。喜阳光充足，怕强光，较耐旱。春季要保证充足的光照，盆土保持湿润；夏季将盆株置于半阴处，盆土见干后再浇水；秋季需较强光照，降温前将植株移入室内，盆土保持偏干；冬季盆土干透后才略微浇水。

虎尾兰得了叶斑病和炭疽病怎么办？

可以用70%甲基托布津可湿性粉剂1000倍液喷洒。

这样养最好活

保持光照充足

盆土保持湿润偏干

千万不要这样养

不要冬季放在寒冷背光处

不要在气温低于10℃时，仍频繁浇水

光照：散射光
浇水：干透浇透
土壤：砂质壤土
肥料：稀释饼肥水

光照 散射光	浇水 保持土壤 湿润	湿度 喜湿润	温度 15~25℃	土壤 腐叶土	肥料 稀释液肥	花期 3~4月

　　百合科蜘蛛抱蛋属，喜半阴，不耐旱。一叶兰可以摆放在卧室、阳台和客厅，同时一叶兰可以吸收室内多种有害气体，如甲醛、苯等。

一叶兰

这样养很好活

　　春季保持盆土湿润，每15天浇水1次。

　　夏季保证通风，可向四周洒水以降温。

　　秋季置于室内光线明亮处，保持盆土湿润。

　　冬季保持0℃以上，减少浇水，使盆土偏干。

千万不要这样养

　　千万不要让一叶兰的盆土过于湿润。这样会导致它烂根死亡。但每隔7~10天可以用清水喷洒叶面，以保持叶面湿润和清洁美观。

四季浇水日历

冬季	春季	夏季	秋季
每2周浇水1次	干透浇透，无积水	每周浇水1次	干透浇透，无积水

一叶兰叶片变黄怎么办？

　　一叶兰叶片要保持翠绿需要良好适度的光照和适量浇水。放在室内光线明亮且通风的地方，保持一定空气湿度。生长期除了正常浇水外，还要经常向叶面和地面喷水，保持较高的空气湿度。

1 选购要领。选择株形挺拔，叶片繁茂、紧凑、浓绿，无黄叶的植株。

2 施肥。生长期可 15 天施稀薄液肥 1 次，冬季不用施肥。

3 修剪。结合换盆剪除老根和摘除枯叶。平时出现黄叶及时剪除。

一叶兰可每隔 1~2 年进行 1 次换盆。

光照 全日照	浇水 干透浇透	湿度 喜湿润	温度 20~25℃	土壤 酸性土壤	肥料 稀释液肥	花期 5~7月

　　桑科榕属，喜阳光充足，能耐阴，喜湿润。橡皮树可以摆放在卧室、阳台和客厅，同时橡皮树可以吸收室内多种有害气体，如甲醛、苯、一氧化碳、氟化氢等。

橡皮树

这样养很好活

　　春季保持充足光照，使盆土处于潮润状态，新叶长出后可以追肥。

　　夏季保持充足光照，正午可以遮阳40%，多向叶片喷雾，勤施薄肥。

　　秋季保证充足光照，减少浇水量。

　　冬季保持5℃以上，盆土保持湿润。

千万不要这样养

橡皮树不耐寒，冬季一定不能放在室外。需要将它移入室内向阳处养护，保持10℃以上的室温，最低气温不能低于5℃，否则会造成叶片变黑脱落或根部腐烂。

四季浇水日历

冬季	春季	夏季	秋季
每隔10天浇水1次	干透浇透，无积水	每2~3天浇水1次	干透浇透，无积水

橡皮树基叶枯黄怎么办？

橡皮树基叶枯黄主要是由于光照不足、环境闷热、受到干旱危害、盆土缺乏养分所致。春、秋、冬季都应放置在阳光充足处养护，夏日炎热时可以移至半阴通风处。

1 选购要领。选择造型好，枝叶繁茂，叶片肥厚、宽大，有光泽的植株。

2 施肥。新叶生出后和夏季生长期需要施肥，约每2周1次。

3 修剪。及时剪除密枝、枯枝和枯叶，以便通风透光。

橡皮树通常每2年需翻盆1次。

光照	浇水	湿度	温度	土壤	肥料	花期
全日照	干透浇透	喜湿润	20~30℃	沙质土壤	稀释液肥	7~8月

龙舌兰科龙血树属，喜阳光充足，能耐阴，不耐寒。巴西木可以摆放在阳台、窗台和客厅，颇具西方风情，不过茎干树脂有小毒，防止儿童接触和误食。

巴西木

这样养很好活

春季保持充足光照，使盆土处于湿润状态。

夏季正午可以遮阳40%，每5~7天浇水1次，并向四周喷水增加湿度。

秋季保证充足光照，减少浇水量。

冬季保持10℃以上，盆土以稍干燥为好。

千万不要这样养

巴西木不耐寒，冬季一定不能放在室外，需要将它移入室内向阳处养护，保持10℃以上的室温，冬季可以用塑料袋套住植株进行保温。

四季浇水日历

冬季	春季	夏季	秋季
每半个月浇水1次	干透浇透，无积水	每5~7天浇水1次	干透浇透，无积水

巴西木叶片枯黄怎么办？

盛夏季节如果将巴西木放置室外，就容易被强光灼伤，造成叶片枯黄，为此应当为巴西木进行适当遮阴。同时使用浓肥也容易烧根，导致叶片枯黄。盆土过于干燥，空气湿度不高，都会引起叶片枯黄。

1 选购要领。选择茎干粗壮直立，叶片完整浓绿、金色条纹清晰的植株。

2 施肥。生长期约每2周1次，冬季室温低时，停止施肥。

3 修剪。植株生长过高或老株基部脱脚，可重剪或摘心，平时剪除老化枯萎叶片。

湿度低时，需对植株及周围环境喷水增湿。

光照	浇水	湿度	温度	土壤	肥料	花期
全日照	干透浇透	喜湿润	20~30℃	沙质土壤	稀释液肥	9~10月

　　木棉科瓜栗属,喜阳光,耐半阴,忌强光。发财树可以摆放在阳台、餐厅和客厅,同时发财树可吸收空气中的甲醛、氨、氟化氢等有毒气体,适宜放在吸烟环境。

发财树

这样养很好活

　　春季保持阳光充足,盆土湿润。

　　夏季防止强光直晒,保持盆土湿润。

　　秋季护理同夏季,秋末减少肥水,保持光照充足。

　　冬季保持12℃以上,阳光充足,干燥时给叶片喷水增湿。

千万不要这样养

发财树不耐寒,冬季一定不能放在室外;同时发财树也忌高温暴晒。夏季要注意遮阴、通风,避免强光暴晒。

四季浇水日历

冬季	春季	夏季	秋季
每半个月浇水1次	干透浇透,无积水	每周浇水1~2次	干透浇透,无积水

发财树叶片枯黄怎么办？

发财树叶片枯黄有可能是长期庇荫、水大、碱性土壤等原因造成的。如果是长期庇荫需要立刻补充阳光，浇水太勤或者积水引起的叶片枯黄，需要暂停浇水，必要时更换盆土；碱性土壤缺乏铁元素，会导致叶片枯黄，盆土最好使用酸性土壤。

1 选购要领。选择造型好，叶枝繁茂，叶面浓绿，叶片脉纹清晰的盆株。

2 施肥。生长期每月施肥 1 次。

3 修剪。换盆时剪去伤根、老根和过长的根，如果树冠过大，可剪修整形。

浇水量要适当，宁少勿多。

万年青

百合科万年青属，喜阳光，怕强光，耐阴。春季待气温升高并稳定时再移至户外养护；夏季避免阳光直晒，保持盆土、空气湿润，通风良好；生长期以施稀薄液肥为宜；秋季养护同夏季；冬季保持温度在 10℃以上，低于 5℃要停止施肥。

万年青叶子黄了怎么办？

养护过程中常向叶片及周围地面喷水，除了春秋季节早晚可见阳光，其他季节应放在半阴通风处。

这样养最好活

使用疏松、肥沃的微酸土壤

日常养护中向叶面及周围地面喷水，保持湿度

温度保持在 10℃以上

千万不要这样养

冬季不要浇水过勤或夏季节不要阳光直晒

光照：散射光
浇水：干透浇透
土壤：酸性土壤
肥料：稀薄腐熟肥液

散尾葵

棕榈科散尾葵属，喜湿润，忌强光，不耐寒。春季气温低时以盆土湿润偏干为宜，保持散射光照；夏季土壤保持湿润，避免强光直晒，注意遮阴，生长期每半个月施肥一次；秋季减少肥水；冬季放在光照充足，10℃以上环境养护，盆土湿润偏干，停止施肥。

散尾葵频繁落叶怎么办？

及时修剪黄叶，放在半阴通风处，给植株喷雾，待恢复生机后再浇水。

这样养最好活

保持盆土湿润

日常养护中向叶面及周围地面喷水，保持湿度

浇水浇透

千万不要这样养

不要使用碱性土壤
不要长时间不通风
不要在冬季浇水过勤

光照：散射光
浇水：干透浇透
土壤：腐叶土
肥料：稀薄腐熟肥液

光照	浇水	湿度	温度	土壤	肥料	花期
散射光	干透浇透	喜湿润	20~30℃	沙质土壤	稀释液肥	7~8 月

　　五加科鹅掌柴属，喜湿润，忌强光，耐半阴。鹅掌柴可以摆放在阳台、餐厅和客厅，同时鹅掌柴可吸收尼古丁和其他有害气体，适宜放在吸烟环境。

鹅掌柴

这样养很好活

　　春季在散射光充足处养护，保持盆土湿润。

　　夏季注意遮阴，多喷水保持土壤和空气湿润，每月施肥 1 次。

　　秋季养护同夏季。

　　冬季注意防冻，保持温度在 13℃以上，盆土湿润偏干，停止施肥。

千万不要这样养

　　鹅掌柴怕积水，千万不要让花盆内有积水，否则极易死亡。可选择排水性好、疏松的沙质土壤和排水性好的花盆放在通风处养护。

四季浇水日历

冬季	春季	夏季	秋季
每10天浇水1次	干透浇透，无积水	每周浇水1~2次	干透浇透，无积水

鹅掌柴叶片枯黄、无光泽怎么办？

鹅掌柴喜阳光但又怕阳光直晒，长时间暴晒容易引起叶片枯黄脱落。夏天要注意遮阴，放置在有明亮散射光且通风良好的室内养护；同时如果在生长期施用过多氮肥也会导致叶片暗淡无光泽。

1 选购要领。选择造型好、茎干粗壮、枝叶丰满、叶片浓绿、叶片斑纹清晰的盆株。

2 施肥。生长期每月施肥1次，冬季停止施肥。

3 修剪。苗株进行疏剪、轻剪，以造型为主，老株过高，可重剪调整。平时剪除枯叶即可。

3~9月为鹅掌柴的生长旺季。

光照	浇水	湿度	温度	土壤	肥料	花期
全日照	干透浇透	喜湿润	10~15℃	腐叶土	稀释液肥	8~10月

　　五加科常春藤属，喜湿润，忌强光，耐阴。常春藤盆栽适用于家庭阳台、窗台处悬挂点缀，可以吸附灰尘，清洁空气。

常春藤

这样养很好活

　　室内盆栽应该每隔一段时间放在朝北阳台通风。

　　保持空气湿度，可以在盆栽旁放加湿器。

　　每月施稀释薄肥 1 次。

千万不要这样养

常春藤害怕阳光直晒，室内摆放不能放在朝南、朝西的阳台上；其本身喜湿润但不耐水湿，因此浇水不能过多，宁干勿湿，否则植株容易死亡。

四季浇水日历

冬季	春季	夏季	秋季
每旬浇水 1 次	每周浇水 1 次	每 2~3 天浇水 1 次	每周浇水 1 次

常春藤如何安全过冬？

盆栽常春藤入冬前可搬入室内向阳处养护，室温保持在5℃以上。严格控制浇水，每半个月用与气温相同的清水喷洗叶片，提高空气湿度。切忌干燥和高温暴晒。

1 选购要领。选择造型好、枝叶丰满、叶片深绿有光泽、脉纹清晰的盆栽。

2 施肥。生长期每月施肥1次，切忌肥水过多，影响株态。

3 修剪。枝条萌发期，以垂吊形式修剪和整形，平时剪除密枝和叉枝。

常春藤在30℃以上高温停止生长。

光照 全日照	浇水 干透浇透	湿度 喜湿润	温度 20~30℃	土壤 微酸沙壤土	肥料 稀释液肥	花期 7~9月

唇形科鞘蕊花属，喜温暖，不耐寒。彩叶草盆栽适用于桌上、窗台、茶几、床头等处，可以吸附灰尘，清洁空气。

彩叶草

这样养很好活

春季保持盆土湿润偏干，避免直晒。

夏季保持盆土湿润，经常向叶面及盆株四周洒水，盛夏中午注意遮阴。

秋季保持盆土湿润偏干和光照充足。

冬季温度保持在10℃以上，保持盆土湿润偏干，不施肥。

千万不要这样养

彩叶草忌浇水过勤。需要及时排除盆中积水，松土散湿，促进根系呼吸。盆土应保持湿润偏干，干燥季节可喷水增湿。

四季浇水日历

冬季	春季	夏季	秋季
每周浇水1次	每周浇水2~3次	每天浇水1次	每周浇水2~3次

怎样使彩叶更绚丽？

盆内放少量有机肥和骨粉作基肥。生长期必须摘心几次，以促进分枝。摘心成型后追施 1~2 次 1000 倍的磷酸二氢钾液。入秋后勤施氮肥，除盛夏时不能暴晒，其他季节需要充足阳光。

1 选购要领。选择枝叶丰满、彩叶色艳，无缺叶和病斑的植株。

2 施肥。生长期施肥 1~2 次。多施磷钾肥，少施氮肥。

3 修剪。苗期多摘心，促其萌发新枝。及时摘除花序，延长观叶时间。

光线充足能使彩叶草叶色鲜艳。

光照 散射光	浇水 见干浇透	湿度 喜湿润	温度 20~25℃	土壤 腐叶土	肥料 稀释液肥	花期 5~9月

天南星科苞叶芋属，忌强光，不耐寒。绿巨人四季常绿，叶片大，可以摆放在客厅、大堂、走廊、阳台。绿巨人还可清除甲醛和氨气等室内有害气体。

绿巨人

这样养很好活

春季向阳处养护，保持盆土湿润偏干。

夏季保持盆土湿润，经常向叶面及盆株四周洒水，放于室内散射光处养护。

秋季早晚增加光照，适当减少浇水。

冬季温度保持在10℃以上，保持盆土偏干，不施肥。

千万不要这样养

绿巨人对光照很敏感，只有在散射光下养护，植株才能健康生长，叶片浓绿喜人。因此不能将绿巨人放在直射阳光下，同时也不能将绿巨人长期放在阴暗处，两者都会影响绿巨人的生长。

四季浇水日历

冬季	春季	夏季	秋季
每周浇水1次	每周浇水2~3次	每2天浇水1次	每周浇水2~3次

绿巨人叶片枯黄、萎蔫怎么办？

绿巨人叶片萎蔫只需要浇水，就能慢慢恢复硬挺。若叶片枯黄则有可能是盆土过干或者空气湿度偏低造成的，只有等到新叶长出才能恢复良好的观赏性。因此在日常养护过程中，当盆土湿润，天气干燥时可经常向叶面及盆株四周喷水。

1 选购要领。选择植株挺拔、丰满，叶片青翠、光亮，花序洁白、亮丽的为佳。

2 施肥。生长期每隔15天施肥1次，氮肥不能过量。

3 修剪。花后将残花剪除，换盆时注意修根，随时剪除黄叶、枯叶。

低温时植株生长受阻，并造成叶片边缘与叶尖褐化。

虎耳草

虎耳草科虎耳草属，喜凉爽，不耐高温。春季保持盆土湿润，每隔 20 天浇 1 次稀释的饼肥水；夏季遮阴，避免阳光直晒，保持盆土湿润；秋季保持盆土湿润，施 1 次氮肥，放在散射光处养护；冬季室温保持在 6℃以上，保持盆土湿润偏干。

虎耳草黄叶怎么办？

盆土必须保持湿润，盛夏时还需向植株四周喷水，保持空气湿度，适当遮阴，避免阳光直晒。

这样养最好活

保持盆土湿润

日常养护中向植株周围地面喷水，保持较高湿度

千万不要这样养

不要阳光直射
不要长时间不通风
冬季室温不要低于6℃

光照：散射光
浇水：见干浇透
土壤：沙壤土
肥料：稀薄腐熟肥液

米兰

棟科米仔兰属，喜阳光，不耐寒。春季保持盆土偏干，15天左右施肥1次；夏季进入开花期，保持阳光充足、盆土湿润，注意遮阴和防止盆土积水；秋季气温下降至15℃左右时，将盆株移至室内养护；冬季室温保持在10~12℃，盆土稍干。

米兰黄叶怎么办？

米兰不宜使用碱性土壤，肥料和浇灌用水也不宜使用碱性，否则就容易黄叶。可以在土壤中加入硫酸亚铁溶液。

这样养最好活

使用酸性土壤

保持盆土湿润

千万不要这样养

不要阳光直射
不要让花盆内积水
花期减少浇水量

光照：散射光
浇水：见干浇透
土壤：微酸的沙质土壤
肥料：腐熟肥

光照 散射光	浇水 干透浇透	湿度 喜湿润	温度 20~25℃	土壤 沙质土壤	肥料 稀释液肥	花期 7~8月

天南星科藤芋属，耐阴，忌强光。绿萝可以摆放在窗台、茶几、书桌上，同时它可以吸收甲醛、二氧化碳等气体，释放氧气，稀释、净化空气中的二手烟。

绿萝

这样养很好活

盆土忌积水，冬季以偏干为宜。

冬季温度保持在10℃以上。

生长期每月施稀薄肥液1次。

频繁浇水容易造成盆土积水，影响根系正常生长，从而导致根系腐烂，叶片枯黄。夏季浇水要勤，还可向叶片多喷水；冬季盆土干后浇水。忌放在阳光下直晒。

四季浇水日历

冬季	春季	夏季	秋季
每半个月浇水1次	每周浇水1次	每周浇水2次	每周浇水1次

绿萝生了叶斑病怎么办?

首先摘除病叶，注意通风，其次可以喷洒 50% 速克灵可湿性粉剂 1000 倍液或 70% 百菌灵可湿性粉剂 800 倍液。

1 选购要领。选择植株端正，不凌乱无序，下垂茎叶整齐、匀称，叶片浓绿、斑纹清晰的植株。

2 施肥。生长期每月施肥 1 次，若氮肥过多，茎节过长，容易折断。

3 修剪。多摘心，促使多分枝。枝条过多过密时要修剪整形。平时随时摘除黄叶、枯叶。

冬季在室内明亮的散射光下能生长良好，茎节坚壮，叶色绚丽。

光照	浇水	湿度	温度	土壤	肥料	花期
散射光	干透浇透	喜湿润	20~28℃	黏质土壤	稀释液肥	6~8月

伞形科天胡荽属，喜湿润，耐半阴。铜钱草可以摆放在阳台、茶几、书桌上，水养在鱼缸里还可以净化水质。

铜钱草

这样养很好活

盆土忌干燥，冬季以稍湿润为宜。

冬季温度保持在10℃以上。

生长期每月施稀薄肥液1次。

千万不要这样养

铜钱草的生长需要充足的水分，必须保持盆土湿润。若长时间盆土干燥就会出现茎叶枯萎、植株死亡。忌放在阳光下直晒。

四季浇水日历

冬季	春季	夏季	秋季
每周浇水1次	每2~3天浇水1次	每天浇水1次	每周浇水1次

铜钱草叶片枯黄怎么办？

空气干燥、缺水、不及时修剪都会导致铜钱草枯黄。因此除了及时浇水以外还可以给铜钱草叶面喷水，增加空气湿度。铜钱草茎叶生长快且极易开花，不及时修剪就会耗费养分导致枯黄，因此在孕蕾开花时应及时摘去花枝，剪短过高的叶丛。

1 选购要领。选择植株矮壮，造型美，叶片浓绿、繁茂，无病斑的植株。

2 施肥。生长期每月施肥1次。严控氮素用量，防止茎叶徒长。

3 修剪。植株生长过高，应修剪压低，平时摘除黄叶、枯叶和花枝。

叶片应保持干净，以利于光合作用。

光照	浇水	湿度	温度	土壤	肥料	花期
全日照	干透浇透	喜湿润	25~30℃	腐叶土	稀释液肥	7~9月

　　唇形科薄荷属，喜阳光，较耐寒。薄荷可以摆放在阳台、茶几、书桌上，薄荷的特殊香气可以改善空气，提神醒脑。

薄荷

这样养很好活

　　春季保持土壤湿润，光照充足，生长期每半个月施肥1次。

　　夏季空气干燥时喷雾增湿，注意通风遮阴。

　　秋季保持阳光充足，盆土湿润。

　　冬季室温保证高于0℃，盆土微湿，不施肥。

千万不要这样养

　　薄荷喜阳但不耐晒，因此不宜阳光直射，否则叶片会萎蔫。如若出现萎蔫情况，将植株移到散射光下养护，并对植株喷水雾。

四季浇水日历

冬季	春季	夏季	秋季
每周浇水1次	每2~3天浇水1次	每天浇水1次	每周浇水2次

薄荷长势不旺怎么办?

薄荷生长迅速,若盆小、多年不换盆都会导致植株茎叶无生气,根系不能扩展生长。

因此每年都可以进行换盆,换盆时机一般可以选在春季。

1 选购要领。选择茎叶繁茂,叶片浓绿,香气浓郁,无病叶、残叶的植株。

2 施肥。生长期每半月施肥1次。当茎叶出现枯萎时,则停止施肥。

3 修剪。生长期进行摘心,促使其分枝,当茎叶过高时,可剪取食用,平时摘除黄叶即可。

日照长,可促进薄荷开花,且利于薄荷油、薄荷脑的积累。

龟背竹

　　天南星科龟背竹属，喜湿润，忌干燥。春季保持散射光充足，盆土湿润；夏季放遮阴环境里养护，常喷雾增湿，忌积水；秋季同夏季养护；冬季室温保持在 10℃以上，以免发生冻害。

龟背竹的气生根有什么用？

　　龟背竹的气生根一是吸收空气中的水分和养分；二是可以附着墙壁或树干向上生长；三是有繁殖功能。

这样养最好活

- 保持盆土湿润
- 保持室温 10℃以上
- 保持空气湿润
- 夏季需要遮阴

千万不要这样养

- 阳光不可直晒
- 花盆内不可积水
- 不可烟熏
- 叶片不可沾污液肥

光照：散射光
浇水：干透浇透
土壤：腐叶土
肥料：腐熟液肥

滴水观音

天南星科海芋属，喜湿润，忌干燥。春季保持散射光充足，盆土湿润；夏季放遮阴环境里养护，常喷雾增湿，忌积水；秋季同夏季养护；冬季室温保持在15℃以上，以免发生冻害。

滴水观音为什么不滴水？

滴水观音对空气湿度、土壤湿度要求较高，当空气不够湿润或土壤干燥时，就不会滴水。可向植株及其四周浇水增加湿度，使空气湿度保持在70%~80%。

光照：散射光
浇水：干透浇透
土壤：腐叶土
肥料：腐熟液肥

这样养最好活

保持盆土湿润

保持室温15℃以上

保持空气湿润

夏季需要遮阴

千万不要这样养

不要在冬季突然移入室内，造成温差过大导致植株死亡

不要在冬季继续施肥

吊兰

百合科吊兰属，喜半阴，不耐寒，怕高温。春季放在室内半阴处，保持盆土湿润；夏季放在阴凉通风处养护；秋季可向叶面喷洒水雾，增加湿度；冬季要将吊兰搬进室内，每周浇水1次。

吊兰怎样分株繁殖？

春季，将繁密根茎分开，剪掉过长须根；将带有叶和根的植株栽入盆中；浇水，直到盆底有水渗出后放置阴凉处，通常1周左右成活。

这样养最好活

保持盆土湿润

夏季需要遮阴、通风

冬季温度保持在7℃以上

千万不要这样养

阳光不可直晒
花盆内不要积水
冬夏两季不要施肥

光照：半阴
浇水：干透浇透
土壤：腐叶土
肥料：腐熟液肥

变叶木

大戟科变叶木属，喜高温环境，忌干旱。春季保持盆土湿润，要求阳光充足；夏季避免空气、土壤干燥，适当遮阴；秋季养护同春季，冬季室温要保持在 12℃以上。

怎么扦插变叶木？

在春末至夏季扦插最为适宜。剪长 10~15 厘米的顶端嫩枝，剪除部分叶片，待剪口干燥后插入沙土，保持一定温度，约 20 天生根，40 天可盆栽。

这样养最好活

保持盆土湿润

夏季浇水要浇到有水从盆底流出

冬季温度保持在 12℃以上

千万不要这样养

阳光不可直晒
花盆内不可积水
盆土不可长期不换

光照：全日照
浇水：干透浇透
土壤：沙质土壤
肥料：腐熟饼肥

富贵竹

龙舌兰科龙血树属，喜湿润，忌干旱。春季保持充足散射光，盆土湿润；夏季注意遮阴，避开强光，保持水肥充足；秋季减少水肥，增加散射光；冬季室温保持在10℃以上。

如何修剪富贵竹？

枝干弯曲的老枝，必须通过修剪、截顶来压低株形，或设支架绑扎造型，促使其重新萌发新枝，再通过疏剪调整，形成丰满的株形。

这样养最好活

保持盆土湿润

冬季温度保持在10℃以上

保持充足光照

千万不要这样养

阳光不可直晒
盆土不可干裂

光照：散射光
浇水：干透浇透
土壤：沙质土壤
肥料：腐熟饼肥

豆瓣绿

胡椒科草胡椒属，喜湿润，不耐干旱。春季保持充足散射光，盆土湿润；夏季注意遮阴，忌强光暴晒、盆土积水；秋季盆土保持湿润；冬季注意防冻，温度保持在10℃以上。

如何扦插豆瓣绿？

扦插可在春末初夏选出顶端健壮的枝条，截取长8~10厘米带叶的茎段，插于蛭石中，保持湿润，在20~25℃条件下，约20天生根。

这样养最好活

- 保持盆土湿润
- 冬季温度保持在10℃以上
- 保持充足光照
- 保持良好通风

千万不要这样养

阳光不可直晒
夏季花盆内不可积水
空气湿度不可过高

光照：散射光
浇水：干透浇透
土壤：腐叶土
肥料：稀薄肥液

吊竹梅

　　鸭跖草科吊竹梅属，喜湿润，耐水湿，不耐干旱。春季保持充足散射光，盆土湿润，半月施稀薄肥液 1 次；夏季注意遮阴、通风，保持盆土湿润；秋季盆土保持湿润；冬季注意防冻，温度保持在 10℃以上。

吊竹梅如何整形？

　　当新栽小苗的茎长到约 20 厘米时，摘除顶端生长点，促其分枝，形成丰满的株丛。

这样养最好活

- 保持盆土湿润
- 冬季温度保持在 12℃以上
- 保持较高空气湿度

千万不要这样养

- 阳光不可直晒
- 冬季花盆不可潮湿
- 夏季盆内不可积水

光照：散射光
浇水：干透浇透
土壤：沙壤土
肥料：稀薄肥液

冷水花

　　荨麻科冷水花属，喜湿润，耐水湿，怕干旱。春季保持盆土湿润，阳光充足；夏季注意遮阴和通风；秋季养护同夏季；冬季温度需要保持在8℃以上。

冷水花叶色黯淡怎么办？

　　长时间放在荫蔽处，会导致叶片颜色黯淡无光。可移至向阳处，并剪掉过长或过多的枝条。

光照：散射光
浇水：干透浇透
土壤：腐叶土
肥料：稀薄肥液

这样养最好活

保持盆土湿润

生长期每2周施肥1次

保持较高空气湿度

千万不要这样养

夏季阳光不可直晒
冬季浇水不可过勤
冬季温度不可长时间低于8℃

袖珍椰子

棕榈科袖珍椰子属,喜湿润,怕干旱。春季保持盆土湿润,阳光充足;夏季注意遮阴和保持空气湿度;秋季养护同夏季;冬季温度需要保持在 10℃以上,向叶片喷水增加湿度。

袖珍椰子叶片长黑斑怎么办?

被阳光灼伤,就容易导致叶片枯黄生黑斑,需移至半阴处,并向植株表面喷雾,使其恢复。

这样养最好活

保持盆土湿润

夏季每半个月施肥 1 次

保持空气湿度

千万不要这样养

阳光不可直晒
不可使用黏质土壤
冬季不可盆土积水

光照:散射光
浇水:干透浇透
土壤:腐叶土
肥料:稀薄肥液

幸福树

紫葳科菜豆树属，喜湿润，怕干旱。春季保持盆土湿润，阳光充足；夏季保持盆土湿润和空气湿润；秋季养护同夏季；冬季温度需要保持在12℃以上，每半个月浇水1次，不施肥。

幸福树叶片枯黄怎么办?

幸福树喜湿，空气湿度需要保持在60%以上，否则叶片极易枯黄。夏季可每2天喷水1次，每半个月浸润盆土1次。

这样养最好活

保持盆土湿润

生长期每月施肥1次

夏季每2天喷水1次

千万不要这样养

不可放在吸烟环境

不可阳光暴晒

冬季温度不可低于12℃

光照：散射光
浇水：干透浇透
土壤：沙质土
肥料：稀薄肥液

第四章
超简单的观果植物

观赏漂亮的果实也是养护花草的一大乐趣，但很多观果植物养护起来很麻烦，不适合新手。本章用简单的语言，实用的技巧介绍了一些观果植物的养护方法，方便新手们快速上手养护观果植物。

光照	浇水	湿度	温度	土壤	肥料	花期
全日照	干透浇透	喜湿润	20~25℃	微酸性沙质土壤	稀释液肥	3~5月

　　芸香科金橘属，喜湿润，耐干旱。金橘盆栽适用于家庭客厅、餐厅等处，可以吸收汞蒸气、铅蒸气、乙烯和过氧化氮。

金橘

这样养很好活

　　春季保持光照充足，盆土湿润，每半个月施肥1次。

　　夏季置于通风阴凉处，保持光照充足，避免暴晒，盆土以不干为宜。

　　秋季减少浇水，果实长大后施肥1次。

　　冬季保持盆土偏干，果实成熟后停止施肥。

千万不要这样养

盆土过湿或者积水，易烂根而亡。应及时排出积水，控制浇水次数，并放通风处松土散湿。

四季浇水日历

冬季	春季	夏季	秋季
每10天浇水1次	每周浇水1次	每2~3天浇水1次	每周浇水1次

怎样使金橘年年结果?

春季及时修剪整形,初夏不浇水或者少浇水,促进花芽分化。花期人工辅助授粉,提高坐果率,科学、合理施肥,防止盆土时干时湿、温度剧变和强光曝晒等。

1 选购要领。选择植株矮壮、丰满,以果大色艳,大小一致的植株为佳。

2 施肥。生长期每周施肥 1 次,同时每次修剪和摘心后及时施肥。

3 修剪。春梢萌发前修剪,枝条生长期摘心,促发夏梢结果枝,及时剪除秋梢。

开花期避免喷水,以防烂花,影响结果。

光照	浇水	湿度	温度	土壤	肥料	花期
半阴	干透浇透	喜湿润	22~30℃	微酸性土壤	稀释液肥	4~5 月

芸香科柑橘属，喜湿润，忌积水。佛手是我国传统的观果闻香花卉，其盆栽适用于家庭客厅、餐厅、卧房等处，可有效改善空气环境。

佛手

这样养很好活

春季保证阳光充足，土壤湿润。

夏季注意遮阴，盆土保持湿润，忌积水。

秋季保证阳光充足，土壤湿润。

冬季放室内向阳处养护，保持温度在5~12℃之间，盆土湿润偏干为宜。

千万不要这样养

阳光曝晒会导致佛手叶枯凋落，浇水过勤会发生佛手落叶落果。因此，应放半阴处养护佛手，浇水适量，可通过喷水的方式保持土壤湿润。

四季浇水日历

冬季	春季	夏季	秋季
每10天浇水1次	每周浇水2次	每2天浇水1次	每周浇水1次

佛手落叶落果怎么办？

只需要在开花结果过程中及时疏花、疏果，1枝留1果即可。孕蕾期间用磷酸二氢钾喷洒叶面1~2次，可促进果实发育。

1 选购要领。选择植株造型好的、叶片深绿，果实完整，色黄，香味浓郁者为好。

2 施肥。当年不施肥，第2年每半个月施肥1次，第3年开始现蕾，停止施肥，结果后每周施肥1次。

3 修剪。剪除徒长枝、密枝和弱枝，保留短枝。

当年栽当年开花结果的不宜让其开花，要及早摘去花芽。

光照	浇水	湿度	温度	土壤	肥料	花期
全日照	干透浇透	喜干燥	15~20℃	腐叶土	稀释液肥	7~8月

石榴科石榴属，喜干燥，怕水涝，耐干旱。石榴在我国寓意着"日子红红火火"，其盆栽适用于家庭客厅、餐厅、卧房等处，给室内环境增添一抹独特的色彩。

石榴

这样养很好活

春季盆栽不宜过早移入室外，保持光照充足，盆土微湿润即可。

夏季避免淋雨，防止盆土积水，保持光照充足，控制浇水量，花期少施肥。

秋季保证光照充足，盆土不宜过湿。

冬季室温保持在3~5℃，每月浇水1次，暂停施肥。

千万不要这样养

石榴怕水涝。雨后应及时排水，松土散湿，必要时可以换盆。平时保持盆土湿润即可。

四季浇水日历

冬季	春季	夏季	秋季
每月浇水1次	每周浇水2次	每2天浇水1次	每周浇水1次

石榴结果少，果皮容易裂怎么办？

石榴不耐水湿、不耐阴，可放在光照充足下养护。若在果实成熟期淋雨或盆土过湿，容易引起裂果和落果，需要注意控制浇水量，防止淋雨。

1 选购要领。选择植株造型好的、叶片浓绿、果实完整无裂的为佳。

2 施肥。生长期每月施肥1次，冬季停止施肥。

3 修剪。生长期要摘心，促使花芽形成。同时，剪除徒长枝、密枝和病枝。

花盆选择以泥瓦盆为好，因其排水透气好，有利石榴生长。

珊瑚樱

　　茄科茄属，喜阳光，不耐寒，怕霜冻。春季保持光照充足，盆土湿润；夏季注意通风，生长期避免积水；秋季挂果后保持盆土湿润，光照充足；冬季保持室温在 8℃ 以上，盆土偏干为宜。

为什么珊瑚樱果实频繁脱落？

　　出现落果现象，主要是由于室温过低、光照不足和盆土过湿所致，必须改善生长环境，以防继续落果。

这样养最好活

- 保持盆土湿润
- 保持充足光照
- 夏季适当遮阴
- 冬季室温保持在 8℃ 以上

千万不要这样养

- 不要让花盆里积水
- 不要在开花期大量施肥
- 夏季不要阳光直射

光照：散射光
浇水：干透浇透
土壤：腐叶土
肥料：稀薄腐熟肥液

朱砂根

紫金牛科紫金牛属，喜半阴，怕强光。春季保持盆土稍湿润，每10天施稀薄饼肥水1次；夏季注意遮阴通风，保持盆土湿润，生长期和花期增加施肥；秋季在植株及其周围喷水增湿；冬季可以放在散射光处养护，保持温度在5℃以上，暂不施肥。

为什么朱砂根叶黄脱落？

朱砂根喜湿，当温度高于15℃时，需要保持较高的空气湿度，否则易发生叶黄脱落，可每天向植株四周喷水增湿。

这样养最好活

向叶片及四周喷水

常摘心

保持盆土湿润

千万不要这样养

不要阳光直射
不使用碱性土壤
冬季温度保持在5℃以上

光照：散射光、半阴
浇水：干透浇透
土壤：腐叶土
肥料：稀薄腐熟肥液

光照 短光照	浇水 干透浇透	湿度 喜湿润	温度 18~28℃	土壤 沙壤土	肥料 稀释液肥	花期 7~8月

茄科辣椒属，喜温暖，不耐寒。盆栽适用于家庭客厅、餐厅、阳台等处，在观赏之余，还可以摘下几个用来炒菜以满足口福。

观赏辣椒

这样养很好活

春季保持充足光照，盆土湿润。

夏季保持充足光照，但忌暴晒，炎热时可向叶片及周围喷水增湿。

秋季保持充足光照，盆土湿润。

冬季保持充足光照，温度在10℃以上为宜。

千万不要这样养

浇水过勤，会导致叶片枯黄，烂根。因此土壤仅保持湿润即可，不可长期湿涝。

四季浇水日历

冬季	春季	夏季	秋季
每周浇水1次	每3天浇水1次	每3天浇水1次	每3天浇水1次

容易落果怎么办？

若盆土长时间干燥就容易引起落果，可以先给植株喷水增湿，等叶子恢复鲜艳时再松土浇水，此外放在水果旁也容易引起落果，这是因为水果释放乙烯会引起花果掉落。

1 选购要领。选择植株矮壮、丰满、枝叶繁茂、挂果多的为佳。

2 施肥。4~8月生长期和花期每周施肥1次。挂果期加施1次磷钾肥。

3 修剪。苗期摘心2~3次，花果期适当疏花疏果。。

属短日照植物，对光照要求不严，但光照不足会延迟结果期并降低结实率。

光照 全日照	浇水 干透浇透	湿度 喜湿润	温度 21~25℃	土壤 微酸性土壤	肥料 稀释液肥	花期 8~11月

　　蔷薇科火棘属，喜温暖，耐寒，耐旱。火棘果实红艳喜人，又名"红果""吉祥果"等。盆栽适合摆放朝东、朝南的阳台或窗台上。

火棘

这样养很好活

　　春季保持充足光照，盆土湿润。

　　夏季保持充足光照和良好的通风，忌积水。

　　秋季挂果期，防止盆土时干时湿。摆放阳光充足处。

　　冬季保持充足光照，温度在5℃以上为宜，室温不宜过高，少浇水。

千万不要这样养

在通风不良和潮湿的情况下，叶片易生白粉。因此一定要保证良好的通风，如若已生白粉，可以及时剪除病叶，并加强通风，降低空气湿度。

四季浇水日历

冬季	春季	夏季	秋季
每周浇水1次	每5天浇水1次	每2天浇水1次	每5天浇水1次

火棘果小色差怎么办?

生长旺盛的火棘,一般挂果较多,所以果小色差。要适当地剪除过密的花、果,这样就能使其长得又红又大。另外,摆放在背阴或光线不足的场所,其挂果小,皮色差。

1 选购要领。选择树姿优美、株丛密集、叶片浓绿、挂果多、颜色艳的为佳。

2 施肥。生长期每半个月施肥 1 次。开花前加施 1~2 次磷钾肥。

3 修剪。剪除萌蘗枝、徒长枝、细弱枝和多余花、果。

选择 pH5.5~7.3 的微酸性土壤种植为好。

玉露　白牡丹　花月夜　玉蝶
吉娃莲　霜之朝　大叶不死鸟
虹之玉　花月锦　蓝石莲　熊童子
黑王子　黄丽

第五章
新人也能养好的多肉

肉乎乎的多肉很惹人喜爱，可老是养不好怎么办？别担心，本章均选取适合新人养护的多肉，并给出了详细的养护方法，呵护你的每一棵小多肉。现在赶紧跟着本章一起来寻找你心中的那棵肉肉吧！

玉露

　　百合科十二卷属，喜温暖，不耐寒。春季换盆时要及时清理叶盘下萎缩的枯叶和过长的须根；夏季高温时植株处于半休眠状态，适当遮阴，少浇水，盆土保持稍干燥；秋季叶片恢复生长时，盆土保持湿润；冬季严格控制浇水。

玉露怎么繁殖？

　　常采用分株的方法，可以全年进行，但常在春季4~5月换盆时，把母株周围幼株分离，盆栽即可。

这样养最好活

- 保持盆土干燥
- 土壤中可以加少量骨粉
- 夏季少浇水

千万不要这样养

- 不要阳光直射
- 生长期忌光照不足

光照：明亮光照
浇水：夏季少浇水
土壤：培养土
肥料：稀释饼肥水

白牡丹

景天科风车草属，喜温暖，不耐寒。每2年换盆1次，春季进行；春夏季适度浇水，秋冬季控制浇水，盆土保持干燥；生长期每2个月施肥1次，用稀释饼肥水，但要小心防止肥液沾污叶面。

白牡丹为什么茎叶徒长？

盆土过湿或者施肥过多，就容易导致白牡丹茎叶徒长，必要时可以换盆换土。

这样养最好活

保持盆土干燥

土壤中可以加少量骨粉

夏季少浇水

千万不要这样养

不要阳光直射
生长期忌光照不足
不宜使用过多氮肥

光照：全日照
浇水：宁干勿湿
土壤：培养土
肥料：稀释饼肥水

花月夜

景天科石莲花属，喜温暖、干燥，不耐寒。每年春季换盆；生长期每2周浇水1次，盆土切忌过湿；冬季只需要浇水1~2次，盆土保持干燥；空气干燥时，不要向叶面喷水，只能向盆周围喷水雾。

花月夜为什么会根部腐烂？

花月夜喜干燥，忌水湿。因此不能让它长时间淋雨或者盆土长时间潮湿，这都会造成花月夜植株根部腐烂。

这样养最好活

保持盆土干燥

土壤中可以加少量骨粉

空气干燥时向盆四周喷雾

千万不要这样养

不要浇水过勤
盆内不可积水
不要放置于缺少光照的地方

光照：全日照
浇水：生长期每2周1次
土壤：泥炭土
肥料：稀释饼肥水

霜之朝

景天科石莲花属，喜温暖、干燥，不耐寒，耐半阴。春秋季生长迅速，须控制浇水，盆土切忌过湿，以防徒长。冬季只需浇水 1~2 次，盆土保持干燥，生长期每月施肥 1 次，用稀释饼肥水。

霜之朝茎叶徒长怎么办？

霜之朝长时间放在荫蔽处容易徒长。因此霜之朝可以放在有散射光处养护，保持土壤干燥，以防徒长。

这样养最好活

保持盆土干燥

使用疏松、透气性好的土壤

空气干燥时间盆四周喷雾

千万不要这样养

不可向叶心、叶片喷水

盆内不可积水

不要阳光直晒

光照：散射光
浇水：生长期每2周1次
土壤：沙质土
肥料：稀释饼肥水

光照 全日照	浇水 生长期每 2 周 1 次	湿度 耐干旱	温度 18~25℃	土壤 腐叶土	肥料 稀释饼肥水	花期 6~8 月

　　景天科石莲花属，原产地墨西哥。喜温暖、干燥和阳光充足环境。不耐寒，耐干旱和半阴，忌水湿。

吉娃莲

这样养很好活

　　每年春季换盆时，剪除植株基部萎缩的枯叶和过长的须根。

　　生长期每 2 周浇水 1 次，盆土切忌过湿。

　　夏季午间遮阴。切忌向叶片喷水。

　　冬季只需要浇水 1~2 次，盆土保持干燥。

千万不要这样养

　　吉娃莲对光照要求高，但夏季的时候不宜阳光曝晒，所以夏季高温强光时要进行遮阴处理，而且须注意通风。

　　吉娃莲耐旱，如果浇水过多容易造成滞水烂根，导致植株死亡。

四季浇水日历

冬季	春季	夏季	秋季
浇水 1~2 次	每 2 周 1 次	每 2 周 1 次	每 2 周 1 次

吉娃莲怎么繁殖？

可以在春末用扦插的方法繁殖吉娃莲，剪取成熟充实的叶片，插于沙床，约3周后生根，长出幼株后上盆。注意剪口要平，并待剪口干燥后再插。也可采用茎顶扦插。

1 选购要领。购买时选择植株小型，莲座叶盘紧凑为佳。叶片肥厚，呈卵形，带小尖，颜色蓝绿，表面有白粉的为好。

2 换盆与用土。每年春季换盆，土壤用腐叶土为佳，可以加入少量骨粉。

3 修剪。每年春季换盆时，剪除植株基部萎缩的枯叶和过长的须根。

在光照充足的情况下，吉娃莲叶片尖端会变红。

光照 全日照	浇水 生长期每 2周1次	湿度 耐干旱	温度 18~25℃	土壤 腐叶土	肥料 稀释饼肥水	花期 6~8月

景天科石莲花属，原产地墨西哥。喜温暖、干燥和阳光充足的环境。不耐寒，耐干旱和半阴，忌积水。

玉蝶

这样养很好活

每年春季换盆。换盆时，剪除植株基部萎缩的枯叶和过长的须根。

生长期每月施肥1次，用稀释饼肥水。

夏季可向植株四周喷水，增加空气湿度。

冬季盆土保持干燥，浇少量水。

千万不要这样养

玉蝶对温度比较敏感，温差过大容易发生黑腐病，温差控制在10~20℃之间较好，以夜间10-15℃，日间25~32℃的温度为宜。

四季浇水日历

冬季	春季	夏季	秋季
浇水1~2次	每2周1次	每2周1次	每2周1次

玉蝶怎么繁殖?

每年在春季换盆时可以对玉蝶进行分株, 或者在春末选择健壮的肉质叶或茎进行扦插。

1 选购要领。购买时选择植株小型, 莲座叶盘紧凑的为佳。叶片肥厚, 呈倒卵匙形, 带小尖的为好。

2 换盆与用土。每年春季换盆, 土壤用腐叶土为佳, 可以加入少量骨粉。

3 修剪。每年春季换盆时, 剪除植株基部萎缩的枯叶和过长的须根。

4~10月的生长期可放在室外阳光充足或半阴处养护。

光照	浇水	湿度	温度	土壤	肥料	花期
全日照	生长期每2周1次	耐干旱	13~18℃	园土	稀释饼肥水	1~2月

景天科景天属，原产地墨西哥。喜温暖和阳光充足的环境，稍耐寒，耐干旱和强光。虹之玉在稍阴的条件下，肉质叶碧绿，而在充足阳光下由绿转红，特别可爱。

虹之玉

这样养很好活

每年春季换盆，盆土用肥沃园土和粗沙的混合土，加入少量骨粉。

生长期每月施肥1次，用稀释饼肥水。

夏季强光可以适当遮阴，但遮阴时间不宜过长。

冬季盆土保持稍微干燥，浇少量水。

千万不要这样养

夏季长期庇荫和冬季大量浇水都会导致虹之玉死亡，因此，夏季遮阴时间要短，适当调整虹之玉摆放位置；冬季尽量保持盆土干燥，温度在10℃以上。

四季浇水日历

冬季	春季	夏季	秋季
浇水1~2次	每2周1次	每2周1次	每2周1次

虹之玉得了叶斑病怎么办？

可以用 50% 克菌丹 800 倍液喷洒防治。虫害一般有蚜虫和蚧壳虫危害，可以选用 50% 杀螟松乳油 1500 倍液喷杀。

1 选购要领。选植株紧凑，叶片肥厚、呈亮绿色、带有红晕为佳。

2 换盆与用土。每年春季换盆，土壤用园土为佳，可以加入少量骨粉。

3 修剪。春季换盆时，剪除植株基部萎缩的枯叶和过长的须根，动作要轻，防止叶片脱落。

避免冬季过多过频浇水，保持盆土稍微干燥。

大叶不死鸟

景天科伽蓝菜属，原产马达加斯加。喜温暖、湿润，不耐寒。每年春季换盆，生长期每周浇水 1~2 次，保持盆土湿润，但不能积水。秋冬季减少浇水，但不能忘记浇水，平时要少搬动，防止不定芽脱落。

大叶不死鸟怎么繁殖？

可用扦插法繁殖。生长期剪取成熟的顶端枝，待剪口截断面晾干后插入沙床，8~10 天生根，再经 1 周即可移盆。

光照：全日照
浇水：生长期每周 1~2 次
土壤：腐叶土
肥料：稀释饼肥水

这样养最好活

保持盆土湿润

生长期每月施肥 1 次

平时少搬动

千万不要这样养

盆内不可积水
不要阳光直晒
施肥时不可碰到叶片

黑王子

　　景天科石莲花属，喜温暖、干燥，不耐寒。夏季需要适当遮阴，冬季须摆放在温暖、阳光充足处越冬，且保持盆土干燥。冬天只需浇水1~2次。空气干燥时，不可向叶面喷水，只可向盆器四周喷水。

黑王子叶片怎么变黑？

　　黑王子是石莲花的栽培品种，为喜阳多肉植物，在充足的光照下，叶片就会变得更加黑。

这样养最好活

保持盆土干燥

保持充足光照

夏季适当遮阴

千万不要这样养

不要朝叶片喷水
施肥时不可碰到叶片

光照：全日照
浇水：生长期每周1次
土壤：腐叶土
肥料：稀释饼肥水

光照	浇水	湿度	温度	土壤	肥料	花期
全日照	生长期每2周1次	耐干旱	18~25℃	腐叶土	稀释饼肥水	7~8月

　　景天科厚叶草属，原产地墨西哥。喜温暖和阳光充足环境，不耐寒。千代田之松怕阳光曝晒，叶片上带有纹路，充足阳光下，纹路清晰。

千代田之松

这样养很好活

　　每2年换盆1次，在春季换盆时，剪除植株基部萎缩的枯叶和过长的须根。

　　早春和秋季每月浇水1次，冬季停止浇水，盆土保持干燥。

　　生长期每月施肥1次，用稀释饼肥水。

　　夏季强光需要遮阴。冬季注意防寒保苗。

千万不要这样养

夏季不遮阴和冬季大量浇水都会导致千代田之松死亡，因此夏季要对盆栽植株进行遮阴，冬季尽量保持盆土干燥，放在阳光充足处过冬。

四季浇水日历

冬季	春季	夏季	秋季
不浇水	每月浇水1次	每2周浇水1次	每月浇水1次

千代田之松有虫害怎么办？

千代田之松的虫害一般为蚜虫和蚧壳虫危害，出现蚜虫时，家庭中可用黄色板诱杀有翅成虫，量多时，用50%灭蚜威2000倍液喷杀。发现蚧壳虫，可用海绵刷或布抹杀。

1 选购要领。选叶片肥厚、呈亮绿色，植株矮壮、造型好的为佳。

2 换盆与用土。每年春季换盆，土壤用腐叶土为佳，可以加入少量骨粉。

3 修剪。每年春季换盆时，对生长过密植株进行疏剪，剪除植株基部萎缩的枯叶和过长的须根。

叶片上的纹路是自带的，是少有的叶片带纹路的多肉植物。

光照 全日照	浇水 生长期每周1次	湿度 耐干旱	温度 18~24℃	土壤 园土	肥料 稀释饼肥水	花期 9~10月

景天科青龙锁属，原产地墨西哥。喜温暖、干燥和阳光充足环境，不耐寒。花月锦为花月的斑锦品种，怕强光，怕积水。

花月锦

这样养很好活

每年早春换盆，换盆剪除植物基部萎缩的枯叶与过长的须根。

生长期每周浇水1次，其他时间每2~3周浇水1次。

生长期每月施肥1次，用稀释饼肥水。

夏季强光需要遮阴。冬季放在阳光充足处，注意防寒。

千万不要这样养

浇水不宜多，否则会导致徒长，影响株态和叶色。冬季不可施肥，夏季强光下必须遮阴，否则叶片会发生焦斑导致植株死亡。

四季浇水日历

冬季	春季	夏季	秋季
不浇水	2~3周浇水1次	每周1次	2~3周浇水1次

花月锦有虫害、病害怎么办？

花月锦的虫害一般以蚧壳虫较常见，可以选用50%杀螟松乳油1500倍液喷杀；病害常发生炭疽病，要改善室内通风，减少氮肥施用，浇水时不要喷淋到叶面。也可用50%托布津可湿性粉剂500倍液喷洒。

1 选购要领。选叶片肥厚、色艳，株形端正、丰满者为佳。

2 换盆与用土。每年春季换盆，土壤用园土为佳，可以加入少量骨粉。

3 修剪。植株生长过高时，进行修剪或摘心，压低株形。换盆时，剪除枯叶和过长须根。

若光照不足会造成植株徒长，茎节拉长。

条纹十二卷

百合科十二卷属，原产地南非。喜温暖、干燥，不耐寒。每年4~5月换盆时，需剪除植株基部萎缩的枯叶和过长的须根；盆栽以浅栽为好，盆土用腐叶土；生长期保持盆土湿润，空气过于干燥时，可喷水增湿；冬季和夏季是半休眠期，需保持干燥。

条纹十二卷叶片萎缩怎么办？

阳光直晒会导致条纹十二卷叶片萎缩，盛夏时需要遮阴，但不能光线过弱，否则同样会造成叶片萎缩、干瘪。

光照：明亮光照
浇水：生长期每2周1次
土壤：腐叶土
肥料：稀释饼肥水

这样养最好活

- 保持盆土干燥
- 空气干燥时向盆四周喷雾
- 生长期每月施肥1次

千万不要这样养

- 盆内不可积水
- 不要阳光直晒
- 施肥时不可碰到叶片

熊童子

景天科银波锦属，原产地南非。喜温暖、干燥，不耐寒。每年春季换盆，株高 15 厘米时需摘心，压低株形；生长期每 2 周浇水 1 次，保持土壤稍微湿润；夏季高温时向植株四周喷雾；冬季进入休眠期，保持盆土干燥。

为什么熊童子的熊爪不饱满？

熊童子喜阳，因此光照不足，就会导致原本该胖胖的熊爪变得细长，不饱满。此外，水肥太多也会造成这一情况。

这样养最好活

保持盆土干燥

盛夏时向盆四周喷雾

生长期每月施肥 1 次

千万不要这样养

盆内不可积水
不要阳光直晒
肥水不可过多

光照：全日照
浇水：生长期每 2 周 1 次
土壤：腐叶土
肥料：稀薄饼肥水

光照	浇水	湿度	温度	土壤	肥料	花期
全日照	生长期每周1次	耐干旱	18~25℃	园土	稀释饼肥水	7~8月

景天科景天属，原产地墨西哥。喜温暖、干燥和阳光充足环境，耐半阴，忌强光和积水。黄丽在适当的光照下，叶片中间呈绿色，叶尖呈黄色。

黄丽

这样养很好活

生长期每周浇水1次，其他时间每2~3周浇水1次。

生长期每月施肥1次，用稀释饼肥水。

夏季强光需要遮阴，防止暴晒。

冬季处于半休眠状态，少浇水，保持干燥。

千万不要这样养

浇水不宜多，否则会导致烂根和植株死亡。冬季要移入室内，浇水不宜过多，保持盆土偏干，否则也容易引起植株死亡。

四季浇水日历

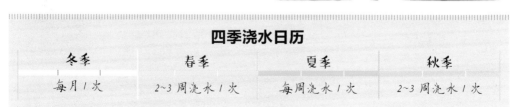

冬季	春季	夏季	秋季
每月1次	2~3周浇水1次	每周浇水1次	2~3周浇水1次

黄丽怎么繁殖？

全年均可进行扦插繁殖，以春秋季为好。剪取顶端枝，长5~7厘米，稍微晾干后插入沙床，插后3~4周生根。也可用叶插和分株的方法繁殖。

1 选购要领。选叶片中绿色、叶尖黄色，株形丰满者为佳。

2 换盆与用土。每年春季换盆，土壤用园土为佳，可以加入少量骨粉。

3 修剪。每年换盆时，剪除植株基部萎缩的枯叶和过长的须根。

表面附蜡质，呈黄绿色或金黄色偏红。

光照	浇水	湿度	温度	土壤	肥料	花期
全日照	生长期每周1次	耐干旱	18~25℃	泥炭土	稀释饼肥水	7~8月

景天科石莲花属，原产地墨西哥。喜温暖、干燥和阳光充足环境，耐半阴，不耐寒。蓝莲花俗称"皮氏石莲花"，可以与静夜、紫珍珠摆成组合盘。

蓝石莲

这样养很好活

每年春季换盆，盆土选用泥炭土，可加入少量骨粉。

生长期每周浇水1次，盆土切忌过湿。

冬季只需浇水1~2次，空气保持干燥，不要向叶片喷水。

生长期每月施肥1次，用稀释饼肥水。

千万不要这样养

冬季不可向叶片喷水，以免叶丛中积水导致腐烂；施肥时不可以让肥液沾染叶面，否则会引起叶片灼烧腐烂。

四季浇水日历

冬季	春季	夏季	秋季
浇水1~2次	每周浇水1次	每周浇水1次	每周浇水1次

蓝石莲怎么繁殖?

可在春末进行扦插繁殖。剪取成熟叶片，剪口要平，干燥后插于或平放于沙床，插后20天左右生根。同时，在春季换盆时进行分株繁殖。

1 选购要领。选株形丰满，叶片绿色、有白粉者为佳。

2 换盆与用土。每年春季换盆，土壤用泥炭土为佳，可以加入少量骨粉。

3 修剪。每年换盆时，剪除植株基部萎缩的枯叶和过长的须根。

日照不足则叶色浅，叶片排列松散。

第六章
这些植物还可以水培哦

其实植物除了种在土里，还可以养在水里，水培植物打理起来更加轻松、省事，而且因为没有使用泥土，也更加干净卫生，如果你也想试试水培植物，就快来看看本章内容吧！

光照	浇水	湿度	温度	容器	营养供应	花期
散射光	每3~4天换1次水	喜湿润	25~30℃	任何广口容器均可	营养液	7~8月

观叶植物中已经介绍过富贵竹的土培方法，现在这里介绍富贵竹的水培方法。富贵竹具有富贵吉祥的寓意，宜送亲朋好友。

富贵竹

富贵竹水培繁殖

选取健壮的富贵竹茎干，从节间下部2厘米剪取扦插条。

用利刀修正插枝剪口，然后立即放进盛清水的容器中。

水插后，每3~4天换1次水，保持水质清洁。水插容器需摆放在阴凉处，有利于生根、萌叶。

千万不要这样养

冬季不可放在空调口，以免因为干燥导致叶片枯萎；夏季若不常换水，会导致细菌进入富贵竹的根系中，导致植株根部腐烂和植株的死亡。

四季光照日历

冬季	春季	夏季	秋季
阳光充足处	阳光充足处	遮光50%	阳光充足处

富贵竹病虫害的防治？

富贵竹易发生枯叶病，可用波尔多液喷洒 1~2 次。出现叶斑病和茎腐病时，可用链霉素粉剂 1000 倍液喷射。有蚧壳虫出现，用牙刷洗刷干净即可。

1 水养容器。各种瓷质、金属和釉陶瓶均可。

2 换水。初栽时，每 3~4 天换水 1 次，可加几块小木炭防腐，银白色须根长至 4~5 厘米长时，每半个月换水 1 次，平时补水即可。

3 营养供应。生长期每隔半个月加少量营养液，平时滴几滴维生素 C 溶液，可以保持叶片鲜绿。

富贵竹对光照要求不严，适宜在明亮散射光下生长。

绿萝

　　绿萝除土培外还可以水培，因为绿萝旺盛的生命力，水培成活率非常高，是很适合新人水培的入门植物。

千万不要这样养

　　冬季室温过低，会导致叶片发黄、死亡，可以用塑料袋罩住绿萝，为其防寒；夏季阳光直接曝晒也可能导致植株死亡，需要适当遮阴。

1. 挑选长度在 20 厘米左右、健康的茎作为插条，用剪刀剪断，断面要求光滑，有斜面。

2. 瓶内倒入清水，放在室内半阴处，每隔 2 天换水 1 次，在 20~30℃ 的条件下，约 3 周能生根，生根后停止换水。

光照：全日照
换水：10~15 天 1 次
生长期：夏季
温度：15~25℃

铜钱草

铜钱草是非常适合水培的一种植物，好养、好活、好打理，水培成活率非常高，是很适合新人水培的入门植物。

千万不要这样养

室内空气干燥、缺水，会导致铜钱草叶片变黄、萎蔫。因此除了给瓶内补水以外，还可以定期给叶面喷水。

1. 将铜钱草从花盆中取出后，洗净根部土壤，小心不要伤害到根系。

2. 定期向水培液中施加营养液，7~10天换水1次。定期向叶面喷雾。

光照：全日照
换水：7~10天1次
花期：夏季
温度：22~30℃

光照 散射光	浇水 每周换1 次水	湿度 喜湿润	温度 10~28℃	容器 葫芦形玻璃 容器	营养供应 营养液	花期 早春

百合科风信子属，耐热，喜湿润，不耐寒。适合摆放在茶几、书房、书桌等处，显得青翠光亮，新奇别致。

风信子

风信子水培养护

水培选择充实饱满、周径在18厘米以上的鳞茎。先将鳞茎放在吸足水的海绵上，置于8~10℃、低温、遮光条件下催根。15~20天可长出新根，新根长至5厘米时用于水养。也可以将盆栽生根的风信子脱盆洗根后水养。

千万不要这样养

花盆不可远离窗户，因为风信子喜阳，远离窗户会导致光线不足，造成叶片黄化，无法开花。种植温度不当也会影响花芽分化，鳞茎储藏温度以20~28℃为佳。

四季光照日历

冬季	春季	夏季	秋季
阳光充足处	阳光充足处	正午遮阴，保持通风	阳光充足处

风信子病虫害的防治?

风信子易发生锈病，平时要注意室内通风。发现锈病危害叶片时，可以用 25% 萎锈灵乳油 400 倍液喷洒。

1 购买要点。购买水养瓶株的风信子，要挑选叶片呈线状，花茎粗壮挺拔，鳞茎硬挺，无斑病，水养鳞茎周径在 18 厘米以上的。

2 换水。初栽时，每 2~3 天换水 1 次，天热时，可加几块小木炭防腐，之后可每半个月换水 1 次，平时补水即可。

3 营养供应。生根期和开花期只需滴加 2~3 次营养液即可。

水位离球茎的底盘要有 1~2cm 的空间，让根系可以透气呼吸。

吊兰

吊兰非常适合水培，尤其适合新手来做水培。许多人第一次接触的水培植物就是吊兰，在水培状况下，吊兰非常容易生根。

千万不要这样养

吊兰根是肉质根，不耐水淹，因此吊兰的根不需全部都浸在水中，要露出1/3至1/2在水面上，以利于正常呼吸。

1. 选取吊兰的走茎，剪下来，在容器中放入陶粒，放满即可。

2. 将吊兰栽入陶粒中固定，并加水，之后还可以撒些彩色石子做装饰。

光照：半日照
换水：7~30天1次
花期：夏季
温度：22~30℃

滴水观音

滴水观音属于入门级的水培植物，只要有水就可以活，而且能活很久。因此，刚刚开始玩水培的新人可以选择滴水观音。

千万不要这样养

滴水观音之所以滴水是因为空气湿度大，因此一定要保证室内空气湿度，不可以过于干燥。

1. 在容器底部平铺一些河沙，并倒入隔夜自来水。

2. 将栽植滴水观音和陶粒的定植杯放入玻璃瓶中，水位到定植瓶底部1/3即可。

光照：全日照
换水：15~60天1次
花期：夏季
温度：22~30℃

豆瓣绿

　　豆瓣绿是比较受欢迎的水培植物，它叶片肥厚，很有肉质感，而且有很强的耐寒能力，也不需要太高的空气湿度，因此很好养。

千万不要这样养

　　豆瓣绿不可以阳光直晒，但也不可以放在荫蔽处，因为豆瓣绿需要充足的光照，如果放在直射阳台，可遮阴50%。

1. 将豆瓣绿放入容器后，在豆瓣绿与容器空隙处，放入鹅卵石，以能固定豆瓣绿无法移动为准。

2. 往容器中加入隔夜自来水，但不可加得过满，需要露出一些根在水面上。

光照：半日照
换水：7天1次
花期：夏季
温度：22~30℃

龟背竹

　　龟背竹是很简单的水培植物，而且龟背竹本身就很喜欢湿润的空间，非常适合放在潮湿的卫生间、床头柜等地方，还可以清除空气中的甲醛，是非常好的水培植物。

千万不要这样养

　　龟背竹喜阴，怕阳光暴晒，因此需要养在荫蔽处，同时龟背竹喜湿润，需要常常朝叶片喷水，保持湿润。

1. 在容器底部铺陶粒或者河沙，将龟背竹放入容器内。

2. 继续往容器内加入陶粒或河沙，直到将龟背竹固定，加入隔夜自来水，水位到容器1/2处即可。

光照：半日照
换水：15~30天1次
花期：夏季
温度：22~30℃

光照	浇水	湿度	温度	容器	营养供应	花期
全日照	4~5 天换1 次水	喜湿润	10~25℃	玻璃容器	营养液	7~8 月

唇形科香茶菜属，喜湿润，不耐寒。碰碰香的香气可以使人放松，并对空气有一定净化作用，可以摆放在阳台、窗台、客厅和书房。

碰碰香

碰碰香水培养护

在春季换盆时，将碰碰香从盆中脱出，洗干净根系，注意不要碰伤须根，放置于水培容器中培养。

扦插可全年进行，以春末最好。剪取顶端嫩枝，长 10 厘米左右，插入清水中，插入后 4~5 天生根，1 周后可作水培材料。

千万不要这样养

不可用水喷湿叶面。碰碰香的叶面容易滞留水分，会导致叶片生焦斑或逐渐枯萎死亡。因此，缺水时不要弄湿叶面，只需要及时补水即可，但需保证一半根系在水中，一半根系露在空气中。

四季光照日历

冬季	春季	夏季	秋季
阳光充足处	阳光充足处	正午遮阴，保持通风	阳光充足处

碰碰香的营养供应?

碰碰香可以用观叶植物的专用营养液，每半月加1次。添加营养液时注意不要沾污叶片。

1 购买要点。选购碰碰香要求株形紧凑、矮壮，叶片灰绿色、密生绒毛，叶面无缺损的为好。

2 换水。初栽时，每7~10天换水1次，当根系长到4~5厘米时，可每4~5天换水1次，平时补水即可。

3 修剪。因碰碰香极易分枝，常以水平状态生长，适度修剪即可。

碰碰香喜阳光，阳光充足的环境下肉质叶片才会厚实。

附录
土培植物全年养护花历

品种	浇水	光照	施肥	土壤
金鱼草	干透浇透	全日照	稀释饼肥水	腐叶土
三色堇	干透浇透	全日照	稀释饼肥水	腐叶土
叶子花	干透浇透	全日照	腐熟肥	腐叶土
鸡冠花	宁干勿湿	全日照	腐熟肥	腐叶土
君子兰	干透浇透	弱直射光	饼肥	腐叶土
蝴蝶兰	干透浇透	喜散射光，弱直射光	1000 倍的通用肥	水苔土
茉莉	干透浇透	全日照	稀释饼肥水	酸性土壤
月季	干透浇透	全日照	稀释饼肥水	腐叶土
菊花	干透浇透	全日照	稀释饼肥水	沙质土
非洲菊	干透浇透	全日照	稀释饼肥水	腐叶土
千日红	每周 1 次	全日照	复合肥	腐叶土
长寿花	干透浇透	全日照	复合肥	沙质土
蟹爪兰	见干浇透	8~10 小时	不宜使用化肥	微酸性土
栀子	干透浇透	全日照	磷钾肥	微酸性土
杜鹃	干透浇透	全日照	稀释饼肥水	微酸性土，忌黏性土壤
凤仙花	干透浇透	全日照	稀释饼肥水	酸性土壤
仙客来	干透浇透	全日照	稀释饼肥水	腐叶土

续表

品种	浇水	光照	施肥	土壤
翠菊	干透浇透	全日照	稀释饼肥水	沙质土
矮牵牛	宁干勿湿	全日照	稀释饼肥水	沙质土
红掌	每周 1 次	散射光	稀释饼肥水	腐叶土
小苍兰	每周 1~2 次	全日照	腐熟肥	腐叶土
瓜叶菊	每周 1 次	全日照	腐熟肥	沙壤土
山茶	每周 1 次	全日照	腐熟液肥	微酸性沙壤土
马蹄莲	每 10 天 1 次	全日照	液肥	微酸性沙壤土
蒲包花	每 10 天 1 次	全日照	腐熟液肥	微酸性沙壤土
四季秋海棠	每周 1 次	散射光	腐熟液肥	沙壤上
朱顶红	干透浇透	散射光	液肥	腐叶土
文竹	干透浇透	全日照	稀释液肥	沙壤土
芦荟	干透浇透	散射光	稀释饼肥水	沙质土
虎尾兰	干透浇透	散射光	稀释饼肥水	砂质壤土
一叶兰	干透浇透	散射光	稀释液肥	腐叶土
橡皮树	干透浇透	全日照	稀释液肥	酸性土壤
巴西木	干透浇透	全日照	稀释液肥	沙壤土
发财树	干透浇透	全日照	稀释液肥	沙质土壤
万年青	干透浇透	散射光	稀薄腐熟肥液	酸性土壤
散尾葵	干透浇透	散射光	稀薄腐熟肥液	腐叶土
鹅掌柴	干透浇透	散射光	稀释液肥	沙质土壤
常春藤	干透浇透	全日照	稀释液肥	腐叶土
彩叶草	干透浇透	全日照	稀释液肥	微酸性沙壤土
绿巨人	见干浇透	散射光	稀释液肥	腐叶土

续表

品种	浇水	光照	施肥	土壤
虎耳草	见干浇透	散射光	稀薄腐熟肥液	沙壤土
米兰	见干浇透	散射光	腐熟肥	微酸性沙质土壤
绿萝	干透浇透	散射光	稀释液肥	沙质土壤
铜钱草	干透浇透	散射光	稀释液肥	黏质土壤
薄荷	干透浇透	全日照	稀释液肥	腐叶土
龟背竹	干透浇透	散射光	腐熟液肥	腐叶土
滴水观音	干透浇透	散射光	腐熟液肥	腐叶土
吊兰	干透浇透	半阴	腐熟液肥	腐叶土
变叶木	干透浇透	全日照	腐熟饼肥	沙质土壤
富贵竹	干透浇透	散射光	腐熟饼肥	沙质土壤
豆瓣绿	干透浇透	散射光	稀薄肥液	腐叶土
吊竹梅	干透浇透	散射光	稀薄肥液	沙壤土
冷水花	干透浇透	散射光	稀薄肥液	腐叶土
袖珍椰子	干透浇透	散射光	稀薄肥液	腐叶土
幸福树	干透浇透	散射光	稀薄肥液	沙质土
金橘	干透浇透	全日照	稀释液肥	微酸性沙质土壤
佛手	干透浇透	半阴	稀释液肥	微酸性土壤
石榴	干透浇透	全日照	稀释液肥	腐叶土
珊瑚樱	干透浇透	散射光	稀薄腐熟肥液	腐叶土
朱砂根	干透浇透	散射光、半阴	稀薄腐熟肥液	腐叶土
观赏辣椒	干透浇透	短日照	稀释液肥	沙壤土
火棘	干透浇透	全日照	稀释液肥	微酸性土壤
玉露	夏季少浇水	明亮光照	稀释饼肥水	培养土

续表

品种	浇水	光照	施肥	土壤
白牡丹	宁干勿湿	全日照	稀释饼肥水	培养土
花月夜	生长期每2周1次	全日照	稀释饼肥水	泥炭土
霜之朝	生长期每2周1次	散射光	稀释饼肥水	沙质土
吉娃莲	生长期每2周1次	全日照	稀释饼肥水	腐叶土
玉蝶	生长期每2周1次	全日照	稀释饼肥水	腐叶土
虹之玉	生长期每2周1次	全日照	稀释饼肥水	园土
大叶不死鸟	生长期每2周1~2次	全日照	稀释饼肥水	腐叶土
黑王子	生长期每周1次	全日照	稀释饼肥水	腐叶土
千代田之松	生长期每2周1次	全日照	稀释饼肥水	腐叶土
花月锦	生长期每周1次	全日照	稀释饼肥水	园土
条纹十二卷	生长期每2周1次	明亮光照	稀释饼肥水	腐叶土
熊童子	生长期每2周1次	全日照	稀释饼肥水	腐叶土
黄丽	生长期每周1次	全日照	稀释饼肥水	园土
蓝石莲	生长期每周1次	全日照	稀释饼肥水	泥炭土

拼音索引

A

矮牵牛·························· 50

B

巴西木·························· 70

白牡丹·························· 119

薄荷····························· 90

变叶木·························· 95

C

彩叶草·························· 80

常春藤·························· 78

翠菊····························· 48

长寿花·························· 39

D

大叶不死鸟················· 128

滴水观音····················· 149

滴水观音····················· 93

吊兰···························· 148

吊兰····························· 94

吊竹梅·························· 98

豆瓣绿·························· 150

豆瓣绿·························· 97

杜鹃····························· 42

E

鹅掌柴·························· 76

F

发财树·························· 72

非洲菊·························· 36

风信子·························· 146

凤仙花·························· 44

佛手···························· 106

富贵竹·························· 142

富贵竹·························· 96

G

瓜叶菊·························· 54

观赏辣椒····················· 112

龟背竹·························· 151

龟背竹·························· 92

H

黑王子·························· 129

红掌····························· 52

虹之玉·························· 126

蝴蝶兰·························· 29

虎耳草·························· 84

虎尾兰·························· 65

花月锦·························· 132

花月夜·························· 120

黄丽···························· 136

火棘···························· 114

J

鸡冠花·························· 26

吉娃莲·························· 122

金橘···························· 104

金鱼草·························· 20

菊花·····················34
君子兰··················28

L

蓝石莲···············138
冷水花················99
芦荟···················64
绿巨人················82
绿萝·················144
绿萝··················86

M

马蹄莲················56
米兰···················85
茉莉·····················30

P

碰碰香···············152
蒲包花················57

Q

千代田之松··········130
千日红················38

S

三色堇················22
散尾葵················75
山茶···················55
珊瑚樱··············110
石榴·················108
霜之朝··············121

四季秋海棠··········58

T

条纹十二卷··········134
铜钱草··············145
铜钱草················88

W

万年青················74
文竹···················62

X

仙客来················46
橡皮树················68
小苍兰················53
蟹爪兰··················40
幸福树··············101
熊童子··············135
袖珍椰子············100

Y

叶子花················24
一叶兰················66
玉蝶·················124
玉露·················118
月季···················32

Z

栀子···················41
朱顶红················59
朱砂根··············111

图书在版编目（CIP）数据

新人养花零失败 / 王意成主编 . -- 南京 : 江苏凤凰科学技
术出版社 , 2018.6
（汉竹·健康爱家系列）
ISBN 978-7-5537-9067-1

Ⅰ . ①新… Ⅱ . ①王… Ⅲ . ①花卉—观赏园艺 Ⅳ . ① S68

中国版本图书馆 CIP 数据核字（2018）第 043550 号

中国健康生活图书实力品牌

新人养花零失败

主　　　编	王意成	
编　　著	汉　竹	
责 任 编 辑	刘玉锋	
特 邀 编 辑	张　瑜　任志远　麻丽娟　杨晓晔	
责 任 校 对	郝慧华	
责 任 监 制	曹叶平　方　晨	

出 版 发 行　江苏凤凰科学技术出版社
出版社地址　南京市湖南路 1 号 A 楼，邮编 : 210009
出版社网址　http://www.pspress.cn
印　　　刷　天津海顺印业包装有限公司分公司

开　　　本　720 mm×1 000 mm　1/16
印　　　张　10
字　　　数　60 000
版　　　次　2018 年 6 月第 1 版
印　　　次　2018 年 6 月第 1 次印刷

标 准 书 号　ISBN 978-7-5537-9067-1
定　　　价　39.80 元

图书如有印装质量问题，可向我社出版科调换。